国之重器

中国智造

文 / 柠檬夸克
图 / 潘特尔文化工作室

CS 湖南少年儿童出版社 · 长沙
HUNAN JUVENILE & CHILDREN'S PUBLISHING HOUSE

图书在版编目（CIP）数据

国之重器 / 柠檬夸克文；潘特尔文化工作室图 . —长沙：湖南少年儿童出版社，2022.10（2024.7 重印）
（中国智造）
ISBN 978-7-5562-6715-6

Ⅰ . ①国… Ⅱ . ①柠… ②潘… Ⅲ . ①科学技术—中国—青少年读物 Ⅳ . ① N12-49

中国版本图书馆 CIP 数据核字（2022）第 175555 号

C🅝S **中国智造·国之重器**
ZHONGGUO ZHI ZAO · GUO ZHI ZHONGQI

总 策 划：周　霞　　　　策划编辑：刘艳彬　万　伦
责任编辑：万　伦　　　　营销编辑：罗钢军
版式设计：传城文化　　　封面设计：进　子
质量总监：阳　梅

出 版 人：刘星保
出版发行：湖南少年儿童出版社
地　　址：湖南省长沙市晚报大道 89 号
邮　　编：410016
电　　话：0731-82196340（销售部）
经　　销：新华书店
常年法律顾问：湖南崇民律师事务所　　柳成柱律师
印　　刷：湖南立信彩印有限公司
开　　本：889 mm×1194 mm　1/16
印　　张：8.5
版　　次：2022 年 10 月第 1 版
印　　次：2024 年 7 月第 3 次印刷
书　　号：ISBN 978-7-5562-6715-6
定　　价：39.80 元

目录

01 第一章 神舟飞船

17 第二章 天宫空间实验室

33 第三章 嫦娥工程

47 第四章 北斗卫星导航系统

61 第五章 C919 大型客机

75 第六章 歼-20 隐形战斗机

89 第七章 中国造无人机

101 第八章 东风系列导弹

115 第九章 「辽宁号」航空母舰

第一章 神舟飞船

工程速递

● 载人航天技术是一个国家综合实力的体现，反映国家的科技实力。

● 我国是世界上拥有自主载人航天能力的 3 个国家之一。

● 1970 年，我国第一颗人造地球卫星——东方红一号的成功发射，拉开了我国航天事业的序幕。

● 从神舟一号，到神舟五号、六号、七号……再到神舟十四号，神舟飞船见证了中国航天一次次激动人心的经典时刻。

2003 年 10 月 15 日 5 时 28 分，酒泉卫星发射中心——

"总指挥同志，我奉命执行首次载人飞船飞行任务，准备完毕，待命出征。请指示！……"航天员杨利伟向总指挥李继耐请示出发。

5 时 58 分，杨利伟来到火箭发射架。

6 时 15 分，杨利伟开始进行一系列检查和报告："北京，我是神舟五号……"

8 时整，进入一小时准备，发射区内的全体人员开始撤离。

8 时 30 分，巨大的发射架徐徐打开，白色的火箭巍然屹立。

8 时 59 分，倒计时 1 分钟准备，50 秒，30 秒，……5，4，3，2，1。

9 时整，点火！熊熊烈焰喷出，长征 2 号 F 型运载火箭托举神舟五号飞船冲天而起。

9 时 35 分，杨利伟在飞行手册上写下一句话："为了人类的和平与进步，中国人来到太空啦！"

浩瀚太空，迎来了第一位中国人。

太空有多远？

"航天之父"齐奥尔科夫斯基有一句名言："地球是人类的摇篮，但人类不可能永远被束缚在摇篮里。"

古时候，人们就有飞天的梦想，可那时只能放飞想象去遨游天际。太空对人类来说太遥远了。

1957 年 10 月 4 日，苏联在拜科努尔发射场成功地发射了世界上第一颗人造地球卫星斯普特尼克 1 号。这标志着人类进入了太空时代。此后，美国和苏联进行了一场旷日持久的太空竞赛，两个超级大国比着赛着发射卫星、发射探测器，争着抢着把自己国家的人第一个送上太空、送上月球……尽管

太空行走又称为出舱活动，即航天员在太空中运行的载人航天器之外或在月球和行星等其他天体上完成各种任务的过程。

磕磕绊绊，两边都有不少惨痛的记忆，但双方也都创造过历史、创造过奇迹，荣耀与失败交织，人类的脚步一步一步迈进了太空。

1961年4月12日，莫斯科时间上午9时07分，加加林乘坐东方1号宇宙飞船从拜科努尔发射场起航，在最大高度为301千米的轨道上绕地球一周，历时1小时48分钟。他成为了第一个进入太空的人，也是第一个从太空中看到地球全貌的人。

1969年7月20日，美国的阿波罗11号载人飞船成功登陆月球表面。这一天，全世界有6亿人通过电视转播，收看了宇航员阿姆斯特朗和奥尔德林在月球漫步。

2003年10月16日，在太空遨游一天后，神舟五号顺利返回地面。神舟五号共绕地球14周，历时21小时23分。这标志着我国成为第三个有能力将人送上太空的国家，也让不少人如梦初醒："哦，敢情天地之间，一天就能打个来回。"

原来，太空离我们并不遥远！

我们知道，奥运会是最高水平的综合性体坛盛会。发展载人航天技术就好比参加一场科技界的奥运会。载人航天技术综合了现代科学技术众多领域的成果，同时对外太空的探索又不断要求突破多个科技领域的障碍，从而推动科学技术的整体发展。可以说，一个国家载人航天技术的发展，反映了这个国家的整体科学技术和高技术产业水平。

在太空中不能使用明火，为了让宇航员在太空能吃上热乎的食物，微波炉诞生了。神舟飞船上的微波炉有特制的凹格，为的是防止加热时，食物飘起来。

方便面中的蔬菜包就源于航天食品。为了让宇航员在太空补充维生素，美国人发明了蔬菜脱水技术，尽管会让蔬菜中的营养损失2%，但重量立减20%。

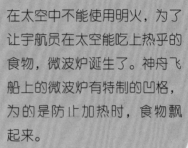

宇航服有很多功能，其中之一是帮宇航员防御撞来的陨石。在这个功能的基础上发展出了现在的防弹衣。

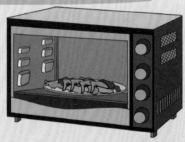

宇航服是高科技产品，穿脱非常麻烦。于是有人发明了一种超能吸水的纸尿片，解决了宇航员的内急问题。它后来演变为婴儿纸尿裤。

就像奥运会的意义并不止于运动员们争金夺银，奥运赛场的热烈氛围也带动了你、我、他参与全民健身。航天科技除了用在九霄云外，航天科技中有很大一部分可以用于普通百姓的生活，仅美国的阿波罗11号登月飞船上，就有1000多项专利技术服务于民，比如防火服、重症监护设备和条形码等。

航天科技就在我们身边。甚至可以说，你一出生就和航天科技有了亲密接触。

美国宇航员阿姆斯特朗双脚踏上月球后，说了一句著名的话："这是我个人的一小步，却是人类的一大步。"他的声音就是通过无线耳机传输的。今天，给我们带来方便和乐趣的无线耳机，就是登月技术的副产品。没想到吧？没想到的，还多着呢！脱水食品，还有婴儿纸尿片，也都是来自航天科技呢。

以前，中国人看着其他国家一次次把宇航员送上太空，就像看一部部科幻大片。现在，神舟飞船每一次出征太空也会吸引全世界的目光，每一项进展、每一次成功都振奋了民族精神，增强了国家的凝聚力。

下面你将通过一个个或有趣或感人的航天故事，了解了不起的神舟飞船。

当心！肉丸会飞走

太空的生活和地面大不相同，很多在地面上很简单的小事，到了太空就

大不一样了，需要专门的训练和适应，就连吃饭都是一门技术活儿，一边吃饭一边聊天是万万不能的！因为在太空的失重环境下，任何东西都不会老老实实地待着，即使是已经送进嘴里的饭菜，你一张口，它也会"飞"走。因此，在太空中吃饭，张嘴、闭嘴动作要迅速，吃的时候则要细嚼慢咽。中国的太空食品相当丰盛，有100多种呢！有八宝饭、宫保鸡丁、酱牛肉、墨鱼丸……连甜品和零食都准备好了，像什么酸奶、巧克力、牛肉干之类的，在

太空统统吃得到。

　　在太空中有这么多好吃的，活动却很有限，航天员回到地面时，会不会长胖呢？你想多了！航天员在神舟飞船里，可绝不是光吃不动。神舟飞船里面宽敞着呢！苏联的东方号飞船

神舟飞船返回舱又称座舱。它是航天员的"驾驶室"，是航天员往返太空时乘坐的舱段，为密闭结构，前端有舱门。

是单人单舱飞船，美国的水星号飞船是单人双舱飞船。宇航员只能半躺在座椅上，在狭小的空间里完成各种操作。而神舟飞船的内部空间就比它们都大多了，可以同时容纳 3 名航天员执行太空任务。航天员既可以非常舒服地在舱内工作，也可以离开座椅，通过舱门进入轨道舱，进行各种科学实验活动，还可以在太空跑台上健身。神舟六号的航天员费俊龙就在船舱里玩过一回翻跟头呢。

神舟飞船是目前在近地轨道上运行的个头最大、自动化程度最高的飞船。

警报！面临生死考验

2008 年 9 月 27 日，神舟七号的航天员翟志刚成为了第一个在太空行走的中国人。

"我已出舱，感觉良好！"伴随着翟志刚的这句话，地面上的人们通过电视，看到了他手中的五星红旗在太空高高飘扬。

可谁也不知道，就在舱门打开的一刹那，神舟七号遇到了意想不到的紧急状况。

神舟七号上共有 3 位航天员，指令长是翟志刚，由他来完成出舱任务，航天员刘伯明负责配合翟志刚出舱，景海鹏则值守返回舱。就在翟志刚和刘伯明打开舱门的时候，突然飞船内响起急促、刺耳的警报声："轨道舱火灾！轨道舱火灾！轨道舱火灾！"仪表盘上，红色大字唰唰地闪，就像消防车的

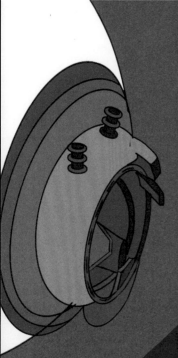

灯那样。

后来，翟志刚回忆说，突然听到"火灾"两个字，瞬间感觉头皮发麻，每一根头发都立起来了。要知道，在太空中最难处置的两种突发状况之一就是飞船起火。3名航天员全都大吃一惊，他们清楚地知道，此刻面对的是生死考验。

刘伯明立刻回到返回舱，和景海鹏沟通，两人立刻向地面的指挥人员报告，请地面协助检查。

这时候，神舟七号已经飞进了测控区，出舱的时间节点已经到了。可飞船却遇到了这样的突发情况，出舱，还是不出？关键时刻，航天员临危不乱，翟志刚冷静分析：在太空这样的真空环境下，发生火灾的概率很低，更重要空间交会对接是现代航天器长期在轨运行期间不可缺少的操作，是载人航天活动三大基本技术之一。空间对接机构是实现空间飞行器间在轨机械连接，建立航天器联合飞行的组合体以及安全分离的系统。

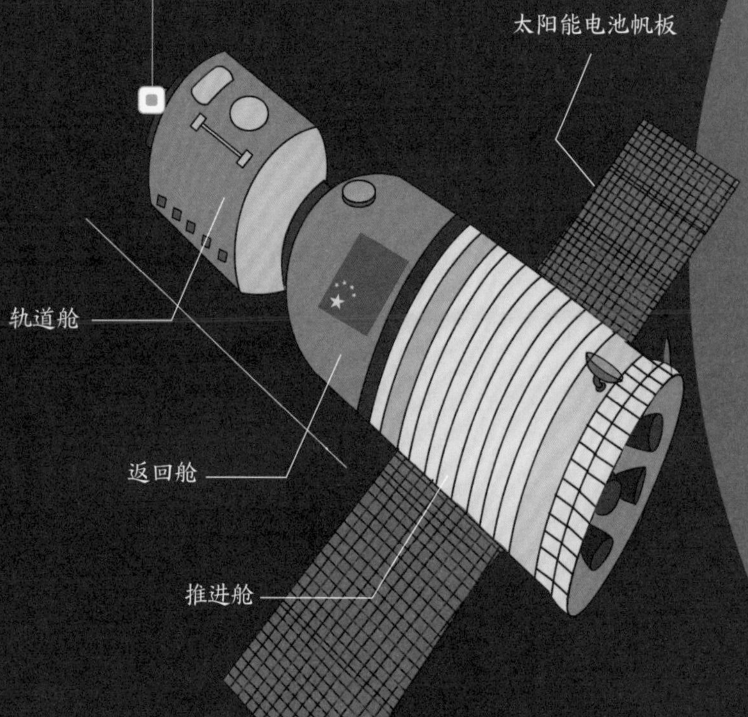

太阳能电池帆板

轨道舱

返回舱

推进舱

的是，神舟七号此行的主要任务就是出舱。因此，翟志刚毫不犹豫地出舱了，让地面的观众看到了中国航天员潇洒自信的风采。

事后，经过天地共同检查，证明了航天员的判断，"火警"是一场虚惊，神舟飞船的安全性值得信赖，这不过是某个仪表在真空状况下的一个误报。

那警报中的轨道舱有什么作用呢？神舟飞船包括返回舱、轨道舱、推进舱和附加段。在往返太空的行程中，航天员在返回舱里，返回舱相当于飞船的"驾驶室"。轨道舱也称太空舱，轨道舱是飞船进入轨道后，航天员工作、生活的场所。神舟飞船的返回舱返回地面后，它的轨道舱仍然可以在轨道上继续运转，执行空间试验任务，完成对天体和地面的观测任务，就像一颗卫星一样。这种"一船多用"的设计大大延长了飞船执行空间科学实验和空间应用任务的工作寿命，有效地提高了神舟飞船的综合效益。

可爱！太空蚕宝宝

2016 年，我国发射了神舟十一号飞船。神舟十一号飞船上，除了景海鹏和陈冬两名航天员外，还有一批特殊的"乘客"——一群白白胖胖的蚕宝宝。它们倒是很舒服，除了睡就是吃，就算上天也不改吃货本色。

怎么还有虫子混上飞船了？不是的，带着蚕宝宝上天是专门设计的太空试验项目，目的是看看一些生物到了太空，会发生哪些神奇的变化。神舟十一号飞船在轨飞行了 33 天，首次实现中国航天员在太空的中期驻留。在这次太空之旅中，航天员除了照顾蚕宝宝，还种出了叶子碧绿的太空蔬菜。航天员开玩笑说，自己在天上要身兼数职，既要当农民种菜养蚕，还要做工程师和科学家，做各种科学试验。

其实，从神舟一号飞船开始，除了试验载人技术外，我国科研工作者就利用神舟飞船进行了大量的空间科学实验，取得了大量数据。这些都充分体现了我国在飞船设计上的先进性和超前性。

为啥？外国人学中文

就在神舟五号发射的 2003 年，发生了几幕震惊世界的航天惨剧。

2 月，美国的哥伦比亚号航天飞机在返回地球的途中解体坠毁，7 名宇航员遇难。5 月，俄罗斯的一艘飞船在返航时，偏离预定地点 400 多千米，致使一名宇航员骨折。8 月，巴西的一颗卫星在准备发射时突然爆炸，21 人因此丧生。

消息传来，这些悲剧并没有影响神舟五号的发射计划。就像航天员的誓词所说，"英勇无畏，无私奉献，不怕牺牲"；就像航天员杨利伟说的，这些事故只是提醒我们要把训练做到位。

自 2003 年以来，中国航天员驾驶神舟飞船 9 次出征太空，9 次凯旋。神舟飞船的安全性和先进性已被世界认可。欧洲航天局局长扬·维尔纳说，非常信赖中国的神舟飞船！欧洲航天局希望与中国航天合作。为了将来能搭

乘中国的神舟飞船前往太空，一些欧洲宇航员不仅来到中国，同中国航天员一起训练，甚至还学习中文。一位名叫马蒂亚斯·毛雷尔的德国宇航员，一直坚持学习中文。

2012年，神舟九号飞船发射。在这次飞行中，航天员刘旺以一次成功的精准操作，实现了神舟九号和天宫一号手动交会对接。天宫一号又是什么呢？请看下一篇。

第一个进入太空的人是苏联的尤里·加加林，他于1961年4月12日乘坐东方1号载人飞船，实现了人类首次载人宇宙飞行。随后，1961年5月5日，美国的宇航员艾伦·谢波德乘坐水星号飞船进行了首次载人亚轨道飞行。

2003年，神舟五号发射，我国实现首次载人航天。2005年，神舟六号发射，费俊龙、聂海胜两名航天员在太空飞行115小时，从"一人一天"到"多人多天"。2012年，神舟九号发射，第一名中国女航天员刘洋出征太空。2013年，神舟十号发射，女航天员王亚平为6000万青少年进行太空授课。

2022年，神舟十四号飞船发射成功。航天员首次进驻天和核心舱，并开展为期6个月的在轨驻留。

第二章 天宫空间实验室

工程速递

● 神舟飞船都发射到十四号了,为什么还要造天宫?天宫和神舟的区别在哪里?

● 天宫一号和二号是太空中的龙兄虎弟,哥哥是先锋,弟弟是劳模。

● 尽管以一种壮烈的方式结束使命,但它们的背影昭示着未来会更加辉煌。

● 20多年前,国际空间站的合作将中国拒之门外,排斥和封锁竟然加倍激发了中国人的斗志,一个航天强国就此脱颖而出。

2012年6月24日12时30分,一场高难度的"太空握手"即将在距地面高度340多千米的轨道上上演。

拉个手有什么难的?要知道,这可是两个重达8吨的庞然大物,要在太空并且是在高速飞行的情况下,严丝合缝地对接在一起。难度之大,足以让所有人的心都提到嗓子眼儿。

不过，首先，它们先要确定彼此所在的位置——

"嗨！小九，我在这儿呢！"

"看到你啦，天天！"

好朋友见面，冲上去来个拥抱？不行，别激动！要是有一方太过热情，那就会"咣"的一下，撞上另一方，太空"追尾"可不是闹着玩的！

有一个胆大心细的人在主导着这场"太空握手"，那就是神舟九号中的航天员刘旺。他沉着冷静地通过操作姿态和平移控制手柄，控制飞船逐步靠近天宫一号，通过十字靶标瞄准目标。越来越近了，飞船上有一个像手一样的装置，紧紧抓住天宫一号。

成功了！神舟九号飞船和天宫一号手动交会对接一次成功！它们成为一个组合体，以矫健的姿态飞行在太空。

请叫我目标航天器

2011 年 9 月 29 日，还是在甘肃酒泉卫星发射中心，伴随着熊熊烈焰，长征二号 F 型运载火箭呼啸着将天宫一号托举升空，精准发射入轨。

天宫一号在太空的日子可一点都不寂寞，它相继迎来了神舟八号、九号和十号飞船。

神舟八号是无人飞船，天宫一号和它进行了自动交会对接。后来，载有 3 名航天员的神舟九号来了，天宫一号又和神舟九号完成了自动交会对接，以及由航天员操控的手动交会对接。那神舟十号呢？当然，好兄弟，握握手，谁也不能落下。

天宫一号为什么这么喜欢"握手"呢？原来，天宫一号上天的一大任务就是检验各种交会对接。对啦，人家就是来"握手"的！自动的试过了，还要再试试手动的，花式"握手"全部集齐，就是要次次成功。正因为天宫一号是多个神舟飞船在太空"握手"的目标，所以多数时候，它被叫作目标航天器。

那么，为什么天宫要和神舟进行各种花式"握手"呢？

有些实验只能在这儿做

敢不敢想象一下"可乐"味道的苹果？

还真的有！瑞士科学家就培育了一种前所未有的苹果，它口感劲爆，仿佛汽水在口中翻涌，是不是很想尝一尝？培育这种碳酸苹果，瑞士科学家花了 10 年时间。

通过人工的方法，培育出动植物的新品种，使这些新品种具有人们期望的特点，比如更甜更脆、产量更高、瘦肉更多、不容易生病……这就叫育种。告诉你吧，其实很多常见的水果，在远古时期，都远远没有现在这么好吃，又酸又涩，个头还小，咬一口忍不住要龇牙咧嘴。现在我们吃到的香甜可口、模样可人的水果，都是千百年来育种的结果。

太空育种技术是一种将辐射、航天、育种和遗传等学科综合起来的高新技术。让种子先"上天"再"入地"，经过筛选、杂交、鉴定等，最终形成新的种子资源。

在地面上，育种是一个漫长的过程。而到了太空就可能加快这个进程，利用太空特殊的环境，使种子产生变异，返回地面后再挑选、培育出新的品种。太空育种是一门神奇的科学技术。

在太空中，神奇的现象还有很多。太空是一个和地面大不一样的地方。它特殊的环境，会给一些科学实验提供地面上难以实现的有利条件，所以有好多实验，科学家都期待着有朝一日能到太空中去完成。神秘宇宙、浩渺星空，并不是仅仅给人"到此一游"的，中国人还有更高更远的志向。和平开发太空、探索空间科学，才是中国发展载人航天事业的目的。

中国的载人航天事业分为三步走。第一步，咱们要掌握载人往返于天地的本事，神舟五号到六号飞船，就实现了中国人的太空之旅从"一人一天"到"多人多天"。第三步，我们要建立空间站，要在太空做更多了不起的大事。

那么，第二步是什么呢？到了天宫一号和二号，这算是走到第几步了？

原来"握手"很重要

要在太空进行科学实验，可不是一天两天的事，也不是一个人就能全部搞定的，那就需要有这样一种航天器：它的"待机"时间超长，可以在太空运行很长时间，它的地方够大，它的设施先进、功能齐备，既是太空住宅，又能做实验，而且能保证多人在里面做实验。这就是空间站，也叫太空站。

如果说神舟飞船去太空是出短差的，去一次的时间以"天"来计算，那么空间站被派到太空可就是去出长差的，出征时间用"年"来计算。

光是听名字，我们也不难想到，神舟的"舟"说明它是一种交通工具，天宫的"宫"则意味着这是一个能住人的地方。如果说天宫是一室一厅的小户型，那么未来的空间站就是三室两厅的大套间。

"罗马不是一天建成的。"在太空进行的科学实验，肯定需要相当长的时间。要是航天员在空间站里，突然发现带上来的食品只剩最后一包了，而他们此行的实验任务还没有完成，怎么办？像在地面上那样，掏出手机下单网购？肯定是不行的。开着空间站回到地球上取一些？听着就像开玩笑！在太空需要特殊的"快递小哥"，为空间站运送补给和燃料。

庞大而复杂的空间站不可能在地面全部建好，再由火箭一次性发射到太空，因为根本就没有那么大运载能力的火箭。通常一个空间站会被分解为几个部分，分别制造，分批运送上天，在太空完成组装。太空需要一支特殊的"运输队"，为空间站运送新的组合部件。

当"快递小哥"和"运输队"千里迢迢，来到空间站的身旁，接下来该怎么办呢？交会对接技术，也就是我们说的太空"握手"就派上用场了。交会对接分为自动和手动两种方式，各有优势。为了确保万无一失，两种方式，我们都要掌握。

迄今为止，美国和俄罗斯共进行了300多次交会对接。美国人更信赖手

建造空间站，开展空间科学实验，和平利用太空。 第三步 ③

第二步 ② 突破航天员出舱活动和空间飞行器交会对接技术，研制和发射货运飞船和空间实验室。

① 第一步 发射载人飞船，掌握载人往返天地技术。

我国载人航天工程的"三步走"发展战略是一个系统的发展战略，每一步都非常关键，且相辅相成。

国之重器

与天宫二号完成
首次交会对接，
形成组合体　②

天宫二号

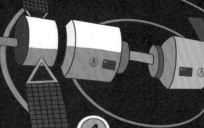

天舟一号

④

组合体飞行两个月，天
舟一号撤离天宫二号，
从另一侧与天宫二号
进行第二次对接

①　通过长征七号遥二
运载火箭发射入轨

③

实施推进剂在轨补加，
推进剂自动输送到天
宫二号上

⑦

完成全部任务后，受
控撤离体，陨落至预
定安全海域

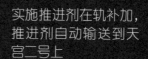

与天宫二号进
行最后一次对
接，验证自主
快速交会对接
技术

与天宫二号再次分离，独立飞行三个月，其间，天舟一号主要进行空间科学实验

动方式，他们失败过 2 次。俄罗斯人以自动方式为主，他们失败过 15 次。1971 年，联盟 10 号载人飞船和苏联的第一座空间站进行交会对接，由于事故造成对接机构出现故障，舱门打不开了，宇航员根本没能进入空间站，不得不打道回府。这一趟白跑了，真可惜！

我国载人航天工程的第二步就是突破航天员出舱活动和空间飞行器交会对接技术，研制和发射货运飞船和空间实验室。

神舟七号的航天员翟志刚已经完成了太空出舱的壮举。天宫一号先后和神舟八号、九号、十号飞船完成 6 次对接，天宫二号则与神舟十一号载人飞船、天舟一号货运飞船完成 4 次对接，全部成功！这样，天宫"兄弟"完成了载人航天工程的第二步。

我国成为世界上第三个完全掌握空间交会对接技术的国家，离宏伟蓝图的终极目标，只差一步之遥。

这个实验室有点酷

　　天宫二号并不是空间站,它是我国第一个真正意义上的空间实验室。

　　2016年发射的天宫二号,可以说是天宫一号的双胞胎兄弟。有"哥哥"这个优秀的榜样在前,"弟弟"也不甘示弱。原本设计寿命是2年,然而天宫二号在轨飞行了1036天,超期服役不说,还超额完成任务,绝对算得上是太空"劳模"。

　　发射一个月后,天宫二号就与神舟十一号完成交会对接。相比于天宫一号,天宫二号的装备更先进、内部装修更为人性化,供航天员居住的实验舱的大小,大约相当于一个11座的面包车,比神舟飞船可大了不少。景海鹏、陈冬两名航天员在天宫二号里工作了30天。航天员在天宫里驻留时间变长了,意味着可以完成的工作上了一个新台阶。在太空的第2年,天宫二号还与天舟一号货运飞船对接,进行补加推进剂等相关试验。

　　不仅如此,天宫二号还搭载了全球第一台冷原子钟进入太空,并进行科学实验。这台冷原子钟非常精确,3000万年产生的误差不超过1秒。有了它的协助,我们的北斗卫星定位系统的导航精度将大大提高。天宫二号还试验了从太空分发量子密钥,在天地一体化的量子通信网络中,扮演量子卫星中转的角色。天宫二号搭载的实验项目达到了史无前例的14项,其中大多是对当今世界最前沿领域的探索。

天宫二号具备支持两名航天员在轨工作及生活 30 天的能力。在这个约 15 立方米的活动空间中，航天员实行每周 6 天、每天 8 小时的天地同步作息制度，在轨飞行期间，还可以通过骑自行车、在太空跑台跑步等方式进行日常锻炼，通过视频、邮件等方式进行亲情沟通。

推进舱

太阳能电池板

实验舱

不说再见，未来更辉煌

20 多年前，美国、俄罗斯等 16 个国家和地区开始联合研制国际空间站，中国也提出了加入的申请。遗憾的是，个别国家竟然拒绝中国加入。或许他们做梦也没想到，排斥和封锁竟然加倍激发了中国人的斗志，一个航天强国就此脱颖而出。由于各参与国即将退出国际空间站项目，国际空间站将在不久退出历史舞台，而经过天宫一号和天宫二号的成功试验，我国的空间站技术已经成熟。2021 年，中国空间站的核心部件——天和核心舱正式被发射升空，各项指标良好。随后，问天实验舱也已于 2022 年 7 月发射成功。此外，梦天实验舱等各类实验舱将陆续被发射升空，与天和核心舱一起共同组成中国空间站。

不是还有天宫一号和天宫二号吗？——它们已经"回家"了。

当天宫一号和天宫二号圆满地完成了各自的使命后，它们分别再次进入大气层。这种回归是在科研人员的严密控制下进行的。不过，它们并不会落到地面，在与大气层剧烈的摩擦中，它们各自化作了一团火焰。少量残骸落入南太平洋中的安全海域中，这个地方被叫作"航天器公墓"。

天宫一号和天宫二号璀璨的一生，为我国的载人航天事业做出了重要的贡献，它们留给人们一个绚烂的背影，预示着中国航天事业未来的辉煌。

2019 年 7 月 19 日，我国天宫二号空间实验室圆满完成任务并受控坠入大气层，与很多航天器一样降落在尼莫点（南太平洋中的一个区域）。此前，天宫一号空间实验室也选择坠入这片海域。如今，已有 260 余艘航天器在尼莫点结束使命。

延伸阅读

　　世界上第一个真正的空间站是苏联的礼炮1号。它于1971年发射升空。但不幸的是礼炮1号上的3名宇航员，在乘坐联盟号飞船返回地球的过程中，由于事故全部遇难。

　　1986年，苏联发射的和平号空间站是人类第一个可以供宇航员长期工作和生活的空间站，它于1999年退役，于2001年进入大气层并坠毁。

　　国际空间站是一个国际合作项目，以美国、俄罗斯为首，加拿大、日本、巴西和欧洲航天局等共16个国家联合研制。

　　2021年4月29日，中国空间站天和核心舱的核心部件在海南文昌航天发射场成功发射。这是中国空间站的核心部件第一次应用性飞行。

　　2022年7月24日，问天实验舱发射成功。7月25日，问天实验舱和天和核心舱对接成功，3名航天员进入问天实验舱。

第三章　嫦娥工程

工程速递

●月球即月亮，是人类走向太空的第一个目标，中国人自古就对月亮怀有无限向往。

●中国的探月工程于2004年启动，被命名为"嫦娥工程"。

●从2007年起，嫦娥一号、嫦娥二号、嫦娥三号、嫦娥四号、嫦娥五号先后成功发射，每一次都圆满成功。

●中国探月工程的起步不算早，但进步神速，取得的成就令世人赞叹，更令国人骄傲。

假如嫦娥一号、嫦娥二号、嫦娥三号、嫦娥四号、嫦娥五号这"五姐妹"建了一个微信群，她们会说些什么"悄悄话"？

嫦娥一号："没什么好说的，我就是给姐妹们探探路。"

嫦娥二号至嫦娥五号："给大姐点赞！"

嫦娥三号："我是姐妹里第一个登上月球的。我在月球上的自拍，可是

刷爆了朋友圈！"

嫦娥四号："三姐厉害！不过，人类发射了上百个月球探测器，只有我去了谁都没去过的地方哦！"

嫦娥五号："三姐、四姐都了不起！我不光拍照、发朋友圈，我还从月球上带回了纪念品。"

嫦娥二号："啥也不说了，我就默默地发一张图吧。"

嫦娥一号："妈呀，我闪了。"

嫦娥三号："老四、老五快下线！她那张图太大，流量要不够用了！"

嫦娥一号为什么说自己是给大家探路的？

嫦娥三号的自拍，为什么会刷爆朋友圈？

嫦娥四号去了什么别人都没去过的地方？

嫦娥五号带回了什么有趣的月球纪念品？

嫦娥二号发了什么不得了的大图，吓得姐妹们赶紧下线？

"嫦娥姐妹"谁最厉害？

2004年，中国正式启动了月球探测工程。

在此之前，美国实施过好几个探月计划，发射过"先驱者""徘徊者""勘察者"等月球探测器，最著名的是"阿波罗"系列载人登月飞船。苏联人也不甘示弱，发射过"月球"系列探测器，此外，还发射了"宇宙"系列和"探测器"系列月球探测器。这些探测器的名字有点像绕口令，有没有？

所以啊，一定要给咱们的探月工程取个好名字呀！中国人一直对月亮怀有深深的好奇和无限的向往，和月亮有关的传说、典故、诗词多得不得了，哪个寓意最美好、知名度最高、最具中国特色呢？当然是嫦娥奔月啦。因此中国的探月工程被命名为"嫦娥工程"。

嫦娥工程是一个宏大的计划，包括无人月球探测、载人登月和建立月球基地三个阶段。其中无人月球探测部分又包括第一期"绕月探测"、第二期"落月探测"和第三期"采样返回"。这三期工程简单地说，就是"绕、落、回"。任务就落在嫦娥一号至嫦娥五号这"五姐妹"的身上。

要说"五姐妹"里，谁是最厉害的？这还真不好说。她们各有各的拿手好戏。

嫦娥一号和嫦娥二号承担了第一期"绕月探测"工程。

2007年10月24日，嫦娥一号在西昌卫星发射中心升空。作为我国第一颗月球探测器，嫦娥一号肩负着重大使命。尽管之前美国人和苏联人都成功地实施了月球探测工程，可全世界看到的只是他们功成名就的时刻和举杯欢庆的场面，人家怎么试验、怎么发射……那些重要的数据和核心技术才不会告诉外人。

从地球飞到月球，航天器并不是直直地飞过去的，而是沿着一条绕来绕去的复杂轨道飞行；而且绕着月球一圈一圈地飞行时，航天器也会遇到各种问题。为了应对这些状况，中国科学家在地面上设计了一套周密的方案，能

嫦娥一号是以我国古代神话人物嫦娥命名的月球探测器，于 2007 年 10 月 24 日升空，并在 2009 年 3 月 1 日完成使命后撞向月球预定地点。她的主要任务有获取月球表面的三维立体影像、分析月球表面有用元素的含量和分布特点以及探测月壤厚度等。

火箭发射

探测器变轨

开始奔月

环月飞行

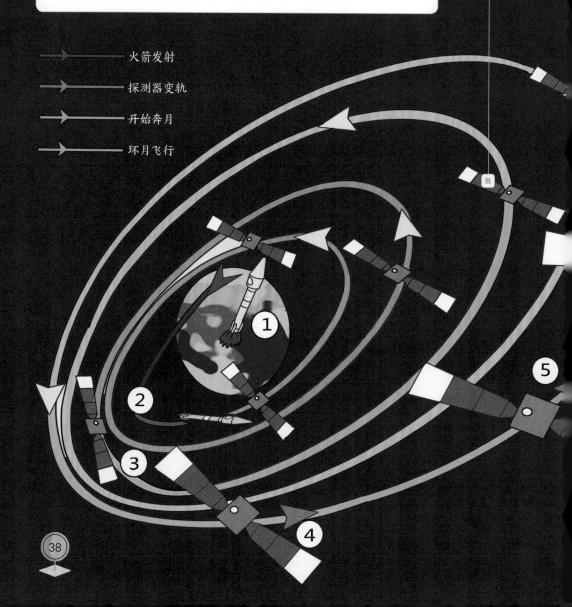

⑧

⑦

⑨

行得通吗？

　　嫦娥一号验证了我国科学家选择的探月轨道是正确的。在这条轨道上运行，需要的能量比较少，风险最低。怪不得嫦娥一号骄傲地说，她是给后面的姐妹们探路的。

　　除了充当开路先锋，嫦娥一号在绕月飞行时，还要应对巨大的挑战。月球没有大气层的保护，太阳直射的一面温度可高达 120 摄氏度，一旦太阳照不到，又仿佛掉进无底冰窖，冷到零下 180 摄氏度。在这样极冷和极热交替出现的地方，卫星上携带的各种高科技仪器都能正常工作吗？嫦娥一号交出了令人满意的答卷。

　　除此之外，嫦娥一号还完成了一系列科学任务，为月球拍摄了好多照片，传回了大量宝贵的月球科学数据。

嫦娥二号月球探测器获得了 7 米分辨率、100% 覆盖月球表面的全月球影像图。此次获得的全月图共 746 幅，数据量约 800GB，还原了月球表面真实的地形地貌，其分辨率、影像质量等均优于国际同类图像。

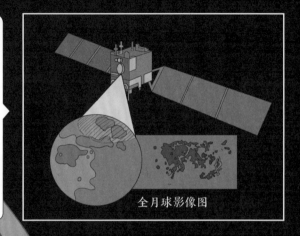

全月球影像图

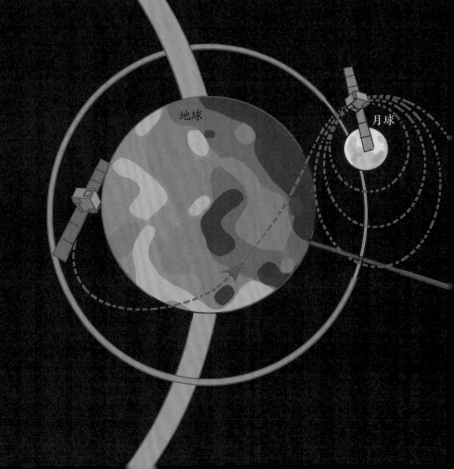

太阳

地球

月球

"吓跑人"的大图

2010 年 10 月 1 日发射升空的嫦娥二号，是嫦娥一号的改进型。可以说，"二姐"是一个承上启下的人物，接过"大姐"的接力棒，她帮助人们解开更多关于月球的疑问，同时还肩负着为"三妹"探路的任务。

嫦娥二号拍摄了分辨率为 7 米的全月图，这是人类第一幅分辨率优于 10 米的全月图。借助这幅图，科学家有机会把这个离地球 38 万千米的天体仔仔细细地看个清楚，大饱眼福。要是有人把这幅图打印出来，会比一个足球场还大。所以一听"二姐"要发这张图，姐妹们都担心流量招架不住，赶紧下线。

嫦娥二号结束了在月球的任务后，还去了一个奇特的地方。

在这个地方的航天器，几乎不需要额外的动力，就可以和地球组成一个"绕日二人组"，和地球一起，同步绕太阳公转。而且在地球上看，这个航天器就好像静止在天空中似的。这个点有自己的名字，叫日 - 地拉格朗日 L2 点。

这个点是数学家计算出来的。在茫茫宇宙中，那个神秘的点上，既没插一面小旗子，也不会挂一块牌子，要想准确地把航天器送到那里，不仅

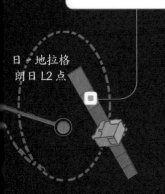

嫦娥二号环绕日 - 地拉格朗日 L2 点飞行。

日 - 地拉格
朗日 L2 点

需要有"超强大脑",还要有强大的科技实力。中国是继美国和欧洲航天局之后,第三个有能力把航天器送到日－地拉格朗日 L2 点的国家或组织。

嫦娥二号跑到日－地拉格朗日 L2 点去干什么?为了嫦娥四号,"四妹"要做一件了不起的大事,一件之前还没人能做到的大事。

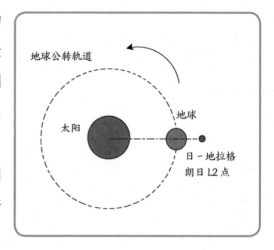

五星红旗亮相月球

2013 年 12 月 14 日,经历了 12 天飞行的嫦娥三号在月球表面实现了软着陆。

和嫦娥三号一起登月的还有一个小伙伴——玉兔号月球车。它有着 6 个轮子,可以在月球表面行走、爬坡,还能翻越障碍物。玉兔号月球车和嫦娥三号着陆器一起完成在月球上的科学考察任务,它俩还互相拍照呢。这是五星红旗第一次亮相月球。

嫦娥三号是"五姐妹"中最勤奋的一个。她原本的设计寿命是 1 年,然而,从 2013 年 12 月 14 日登陆月球正面,到 2016 年 8 月 4 日正式退役,竟然足足工作了 31 个月!创造了探测器在月背工作时间最长的世界纪录。

玉兔号是中国首辆月球车，和着陆器共同组成嫦娥三号探测器。玉兔号月球车设计质量140千克，能源为太阳能，能够耐受月球上的极端环境，如表面真空、强辐射，以及零下180摄氏度到零上150摄氏度极限温度等。

到了月球的"后脑勺"

我们站在地球上，是永远看不到月亮的"后脑勺"的。

由于地球引力的关系，月球朝向地球的一面永远不变，也就是说，地球上的人只能看到月球的"正脸"，根本看不到月球的"后脑勺"。

尽管人类向月球发射了100多个探测器，但统统都是落在月球正面的。借助这些探测器，月球40多亿年的历史，有一部分已经被研究得很清楚了。然而，月球最古老的秘密，藏在月球的背面。那一直是人类无法触及的禁区。

月球的背面比正面多了很多坑坑洼洼，那都是月球一次又一次替地球挡住致命一击的"军功章"。也真亏了月球，要不然，不知道地球要被小行星多撞多少次。40多亿年前，一颗走路不长眼的小行星，狠狠地撞上了月球的背面。在月球背面的南极－艾特肯盆地留下了一个直径1000多千米的大坑，后来科学家把它命名为冯·卡门撞击坑。经由这一撞，尘封的古老秘密被揭开了，记录月球古老历史的岩石裸露出来了。

2019年1月，嫦娥四号卫星搭载月兔二号月球车，在月球背面着陆。着陆地点就在南极－艾特肯盆地的冯·卡门撞击坑。这是人类首次实现在月亮背面的软着陆。欧洲航天局航天任务主管费里说："毫无疑问，在月球背面着陆是一项了不起的成就，我们专业人士知道，这有多困难。"

专业人士深知的困难就包括，在月球背面是没办法跟地球通信的。这样即便有能力把探测器送上月球，不是也成了孤掌难鸣的太空"弃儿"吗？不用担心！中国的航天工作者早就做好了准备。早在 2018 年 5 月，他们就发射了鹊桥号中继星。

鹊桥号中继星工作在月球背面上空的轨道上，且它所处的位置就在地－月拉格朗日 L2 点附近，请注意：这个拉格朗日 L2 点与嫦娥二号去过的日－地拉格朗日 L2 点不同，不要弄错哦。在我国古代神话里，鹊桥不就是帮助牛郎、织女联络的吗？鹊桥号中继星就是帮助嫦娥四号和地球联络的信号中继卫星。嫦娥四号和她搭载的月兔二号月球车，在月球背面着陆后，随即通过鹊桥号中继星，向地球发回了大量月球背面的珍贵照片。

鹊桥号中继星

嫦娥四号

地－月拉格朗日 L2 点

月球

鹊桥号中继星上架设了一副展开后口径近 5 米的伞状天线，这是人类深空探测史上口径最大的太空通信天线。该天线为鹊桥号中继星和地球之间铺设了一条信息高速公路，每时每刻将宝贵的科学数据从遥远的外太空送达地球。鹊桥号中继星帮助处于月球背面的嫦娥四号和地面进行通信联络。

地球

国之重器

月球是人类走向太空的第一步。自从 1957 年 10 月，苏联成功发射了第一颗人造地球卫星斯普特尼克 1 号，人类奔向太空、探索月球的热潮就出现了，一波接一波。月球拥有丰富而独特的资源，从月球土壤中提取的核聚变的原料，可以供人类使用 1 万年。因此月球早已成为未来航天大国争夺战略资源的焦点。我国的探月工程，起步不算很早，但进展神速，取得的成就令世人赞叹。

延伸阅读

1969 年，美国的阿波罗 11 号飞船成功登月，把包括阿姆斯特朗在内的 3 名宇航员送上月球。在随后的一系列月球探测工程中，美国、苏联、日本、印度等国都向月球发射过探测器。嫦娥五号的任务是从月球上携带一些岩石样品，并返回地球。我国也成为第 3 个从月球带回岩石标本的国家。

2019 年，嫦娥四号团队荣获英国皇家航空学会团队金奖，这是自从该学会成立以来，首次颁奖给中国项目。

"打卡"探月工程，游学工程亮点：西昌卫星发射基地是我国四大卫星发射中心之一，是目前我国对外开放的规模最大、设备技术最先进的航天器发射场。西昌卫星发射基地位于四川省凉山彝族自治州冕宁县泽远镇。游客可参观 3 号发射塔架、2 号发射塔架活动勤务塔、长征三号运载火箭实体及浮雕文化墙等景点。

第四章 北斗卫星导航系统

工程速递

● 北斗卫星导航系统是我国出于国家安全战略，自主建设、独立运行的全球卫星导航系统。

● 我国是继美国和俄罗斯之后，世界上第三个建成卫星导航系统的国家。

● 北斗的本领可不只是导航，它还有自己的独门绝技。

● 手机里就有GPS，为什么还要建北斗呢？

公元1409年的一天，在西太平洋上航行着一支极其壮观的远洋船队。这支船队中有20000多人，船队中最大的一艘宝船长100多米、宽50多米，面积接近一个足球场，满载排水量在20000吨以上。宝船上端坐着船队的"领队兼总指挥"——郑和。这就是历史上著名的郑和下西洋。多年后，发现美洲新大陆的哥伦布，他船队旗舰的大小仅仅是郑和宝船的十分之一。

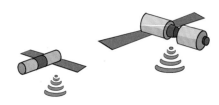

你有没有想过一个关键性的问题：郑和七下西洋，船队从大明帝国的刘家港（今江苏省太仓市）出发，到达今天的泰国、印度尼西亚等东南亚国家，他们是怎么认路的？哦，不！海天一色，哪儿有路啊？陆地上有树，有山，有村庄……茫茫大海连个能当标志物的东西都没有，他们是怎么去的？又是怎么知道自己在哪里的？

我在哪里？星星告诉你

据史料记载，郑和的船队使用了当时世界上最先进的航海技术，白天用指南针，夜晚通过看星星结合使用罗盘保持航向。你

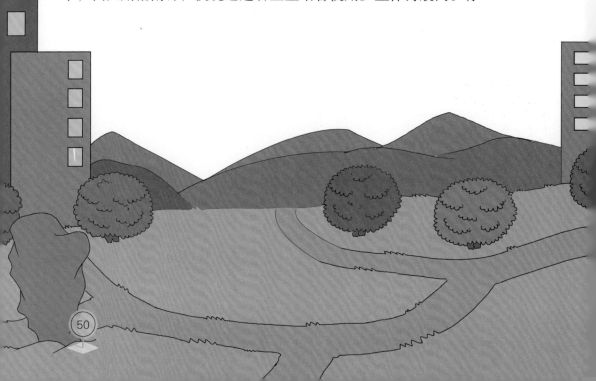

可能会问，有指南针还需要看星星啊？是的，观星辨方位是一名海员必备的技能。直到今天，大学里还有一门课程叫作航海天文学，讲授的内容就是在海上观测天体高度、方位等以确定船位的方法。

当然，看星星的方法只能辨别大概的方位，做不到非常精确。要想让星星准确地帮你定位，至少需要4颗有特殊本领的卫星一起合作。每颗卫星要能够不断发出信号，报告自己的位置和当前的时间。而地上的你手里有一个

只要随身带着接收器，无论藏在哪里，都瞒不了卫星导航系统。

接收器，收到这 4 颗卫星发出的信息，经过计算，就能算出你在地球上的坐标——多少经度、多少纬度。当然，有时候你会有点淘气，比如你爬上了一棵大树，或者偷偷从 1 楼跑到了楼顶。放心！这骗不过卫星，它们是可以知道你的高度的。这就是卫星定位的基本原理，准着呢，你跑不了！

在 20 世纪，美国开发了自己的卫星定位系统，就是 GPS，我们对它并不陌生。你和同学约好一起去游乐场玩，如果不小心走散了，你会让对方分享一个位置给你："喂，你倒是打开你的 GPS 啊！"

手机里就有 GPS，为什么还要建呢？

既然已经有了 GPS，那么我国为什么还要费很大的力气去研制北斗卫星导航系统呢？这可是要花很多钱的，咱们就用 GPS，不行吗？还真不行！

1991 年 1 月 17 日，由美国率领的多国部队对伊拉克发动了海湾战争。当时，伊拉克号称"世界第四军事强国"。战争刚打响之际，有人预测，这场仗至少要打上一年。谁知，仅仅过了 42 天，坐拥 120 万兵力，坦克、飞机、装甲车数量充足的伊拉克就被彻底打趴下了，43 个主力师只剩下了 3 个，其余全被歼灭。而以美国为首的多国部队，每 10000 人里竟然仅仅伤亡了 1.8 人。这数据也太悬殊了！要说伊拉克人好歹还有"主场优势"呢——然而实际上是没有的，正是因为美国人有 GPS 助战。

海湾战争期间，美军中装备了大量的 GPS 接收器。靠着它，美军就像在自家一样熟门熟路。伊拉克境内有很多沙漠，土生土长的伊拉克人深知进去就找不着北，不敢贸然踏入。而揣着 GPS 的美军士兵却敢毫无顾忌地往里冲。伊拉克人做梦也没想到，从自己侧翼的大漠中竟然会鬼使神差地钻出美军士兵！

GPS 本质上是为美国军方服务的，由美国空军掌控。战机冲锋、导弹发射，以及航母的万里驰援都离不开 GPS 的导航。那么中国的军队可以用 GPS 吗？当然不行！我们的国之利刃怎么能依赖长在他人身上的"眼睛"？一旦美国关闭某个区域的 GPS 服务，我们在这个地区的军舰、飞机就都六神无主，成了"睁眼瞎"，这怎么行！伊拉克的惨败清楚地告诉我们，"眼睛""耳朵"必须长在自己身上，不能受制于人。

研制卫星导航系统并不容易，我国曾经想和欧盟合作，参与他们的"伽利略计划"。谁知，我们却遭遇对方处处设限，规定中国只有出资权和使用权，压根没打算跟我们共享技术，这不是拿中国人当冤大头吗？2000 多年前，咱们的祖先就留下了一句掷地有声的名言："天行健，君子以自强不息。"既然真心没有换来诚意，那么"拜拜"，我们自己造！

现在，我国自主建设的北斗卫星导航系统已经在天上熠熠发光，无论是建设速度还是技术水平，都领先于欧洲的伽利略系统。

北斗响当当

有人说，北斗卫星导航系统就是中国版的GPS，这话对也不对。GPS是美国人开发的卫星导航系统，北斗卫星导航系统是我国出于国家安全战略，自主建设、独立运行的卫星导航系统，从这个角度上讲，这句话说得通。但北斗卫星导航系统不是依葫芦画瓢模仿出来的，而是根据我国的需要，设计了自己的技术路线进行研制的，光是建设方案就论证了3年多。

我国的北斗卫星导航系统，实施了"三步走"的战略：第一步，从1994年到2000年，建设北斗一号系统，为国内提供服务；第二步，从2004年到2012年，建设北斗二号系统，为亚太地区提供服务；第三步，从2009年到2020年，建设北斗三号系统，服务全球。全部北斗系统共包括55颗卫星。卫星越多，意味着导航系统的覆盖面越大。我国成为继美国和俄罗斯之后，世界上第三个建成全球卫星导航定位系统的国家。

北斗卫星导航系统（下文简称北斗）能做哪些事情呢？我们的北斗到底厉害不厉害呢？

三频信号，定位更准。GPS使用的是双频信号，而北斗使用的是三频信号。简单地说，一个导航系统，它的看家本领就是定位。三频信号使北斗的抗干扰能力更强，定位更精准。目前，民用北斗导航的全球定位精度优于10米，亚太地区优于5米，已经与GPS不相上下；而在军事领域，北斗导航的定

北斗能精确掌握中国附近海域所有安装了北斗接收器的船舶的信息。这一特点使其有能力为我国的航母和战舰提供精准的导航和战略部署服务。

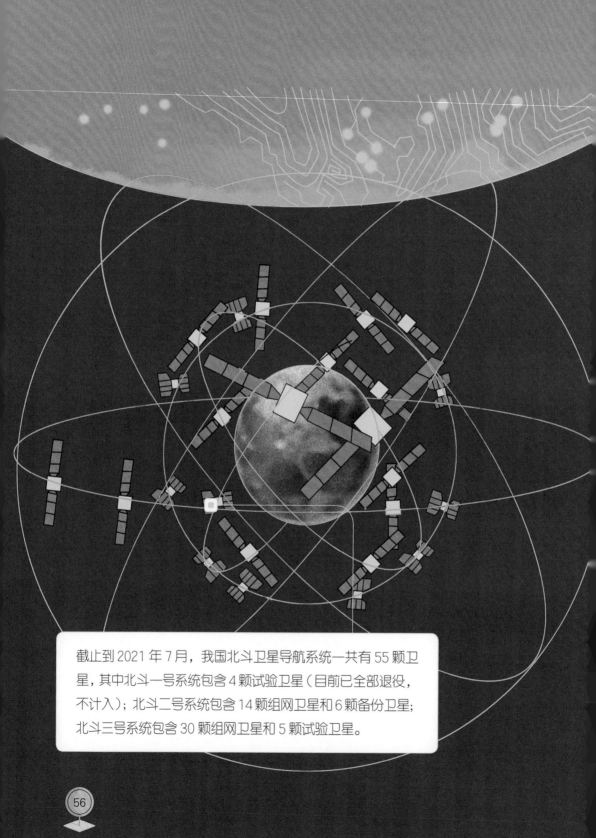

截止到 2021 年 7 月，我国北斗卫星导航系统一共有 55 颗卫星，其中北斗一号系统包含 4 颗试验卫星（目前已全部退役，不计入）；北斗二号系统包含 14 颗组网卫星和 6 颗备份卫星；北斗三号系统包含 30 颗组网卫星和 5 颗试验卫星。

位精度达到了 1 米, 远远高于 GPS。要知道, 我们北斗现在还是个正在成长中的蓬勃少年, 潜力无限。未来, 北斗可以实现厘米级的定位, 到那时候, 在定位精准度方面就可以完胜 GPS 了。

不只是导航, 北斗还有绝活儿。世界上其他的导航系统, 地面上的接收器只能单向接收卫星发射的信号, 而北斗, 也只有北斗可以做到天地双向通信。这就意味着, 北斗不仅仅是导航卫星, 还能跨界"客串"通信卫星——这是北斗的绝活儿。在深山老林、茫茫草原、大漠深处……没有手机信号的地方, 北斗依然照耀。就跟我们发微信差不多, 北斗可以提供短报文通信服务。2008 年, 汶川大地震之后, 道路全部中断, 通信陷入瘫痪, 外界对震区的情况两眼一抹黑, 就是北斗把震区的信息带出来的, 指引救援队挽救了许多宝贵的生命。通常在通信陷入瘫痪的情况下, 求救人发出求救信息后, 就杳无音信了, "有人听得到我的声音吗? 有人来救我吗?"震区外的人一概不知, 只能默默苦等, 备受煎熬。而使用北斗, 救援队伍可以通过北斗终端把自己实施救援的信息发给求救人, 这无疑会让身处困境的求救人倍感鼓舞, 也让救援更容易成功。全球救援是北斗的免费公益服务, 既是北斗的特色, 也是北斗的爱心和善举。

北斗的功能很丰富, 包括定时定向、实时导航、速度测量、精确授时和短报文通信服务等。虽然起步晚, 但是北斗已经能和美国的 GPS 媲美, 各项能力都得到了国际上的认可和赞誉。

什么时候能用上北斗？

国际上有一个"俱乐部"，尽管只有区区4名成员，但其实是相当自豪，因为能够加入这个"俱乐部"是一个国家实力强大和科技水平高的象征。这个"高大上"的"俱乐部"就是全球卫星导航系统，4个成员分别是美国的GPS系统、俄罗斯的格洛纳斯系统、我国的北斗和欧盟的伽利略系统。只有这4个系统可以被称为全球卫星导航系统，因为它们有能力覆盖全球。在这个"俱乐部"的成绩单上，北斗

停车场

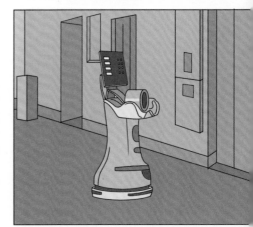

的覆盖面、精确度都首屈一指。

在应用前景这一项上，北斗也令人看好，且不说它有 14 亿铁粉，现在已经有 100 多个国家加入了北斗大家庭，北斗不仅是中国的，也是世界的。

也许你觉得，北斗的存在感不是很强，其实它已经悄然来到你的身边，你的手机里很可能就已经用上了北斗，只是你还不知道。所有的智能手机都会用到导航系统，它是以芯片的形式体现的，再配合相

新冠肺炎疫情期间，机器人送药和每个人拥有的健康码都有北斗的默默助力；未来，北斗还能在无人机送货、智能停车等许多方面发挥作用。

应的软件，一起提供服务。目前，大部分的智能手机芯片都用到了北斗。可我们看到的显示仍然是"GPS"，这只是一个叫法上的惯性而已。GPS 诞生得早，有的人就不知不觉把它等同于卫星定位系统了，就好比一说碳酸饮料就想到"可乐"，一说炸鸡就想到"肯德基"。

延伸阅读

　　北斗七星是北半球星空著名的标志之一，这 7 颗星很明亮，形状像一把勺子，沿着勺子开口的方向，很容易找到北极星。因为可以用来辨别季节和方向，北斗七星对中国古人来说非常重要。古人给 7 颗星都取了美丽的名字，分别是摇光、开阳、玉衡、天权、天玑、天璇和天枢。中国的卫星导航系统，以"北斗"命名。

　　截至 2021 年 12 月，国外在轨运行并提供导航服务的卫星 86 颗，其中，美国 GPS 系统 30 颗，俄罗斯的格洛纳斯系统 23 颗，欧洲的伽利略系统 22 颗，日本的准天顶卫星系统 4 颗，印度的区域导航卫星系统 7 颗。

　　日本的准天顶卫星系统和印度的区域导航卫星系统目前还不能做到覆盖全球，因此是区域定位系统。

第五章 C919 大型客机

工程速递

● C919 的冲天而起，圆了几代中国人的大飞机梦。

● 究竟多大的飞机可以被称为"大飞机"？

● 首款国产大飞机的名字中第一个"9"寓意天长地久，这也表明了中国大飞机要跻身国际舞台的志向。

● 作为又一个大国重器，C919 身上有哪些中国智慧在闪光？

　　中国国际航空航天博览会（又叫珠海航展）是世界五大航展之一。2010年 11 月 16 日开幕的第八届珠海航展上，一架只有半截的飞机竟然成了本次航展的重磅嘉宾。尽管停机坪上，有一位远道而来的"大明星"——被称为空中巨无霸的 A380 正静静地等待着航空迷们，然而从 16 日上午起，一号馆里就排起长队，观众的关注点全都聚焦在这架"半截"飞机上了，非要上去看看不可。

　　它就是C919客机的1：1局部样机，它首次亮相珠海航展，万众期待。这可是我们自己的大飞机第一次出现在航展上啊，光在外面看看哪行啊？大方的C919还提供了数字化3D飞行模拟器，让观众可以深入了解自己的各项性能——看我棒不棒？

　　中国人自己的第一架大飞机究竟是什么样的？

看！飞机！

　　C919是中国首款按照最新国际适航标准研发的，具有自主知识产权的民用大飞机。

　　究竟多大的飞机才能算是"大飞机"呢？在不同的领域，大飞机的标准不尽相同。国际航空业把起飞重量超过100吨的运输机，称为大型飞机。目前，中国的大型飞机主要包括大型运输机运–20、水陆两栖飞机AG600和大型客机C919。

　　C919外形修长、略显圆润，在客机（也称民用飞机）家族中，它属于身材适中的，并不算是大块头。不过，和歼–20这样的战斗机相比，C919确实可以称得上是大型飞机了。

　　大型客机C919全称中国商飞C919。它的名字可是有特殊的含义呢：C是中国的英文单词China的首字母，也是它的制造者——

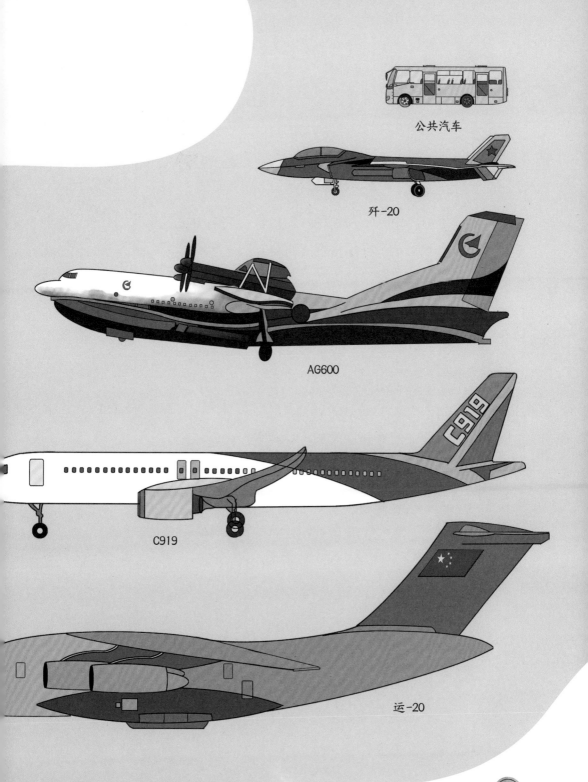

公共汽车

歼-20

AG600

C919

运-20

中国商用飞机有限责任公司的英文缩写 COMAC 的首字母；第一个 "9" 的寓意是天长地久，"19" 代表的是它的最大载客量为 190 座。而在网民那里，它有一个更亲切的昵称：九妹。

C919 全长 38.9 米，大致相当于 4 辆公共汽车首尾相连的长度。它的最大航程为 5555 千米，可以从我国最北端的漠河，飞到最南端的曾母暗沙，这个距离还相当于从北京直飞新加坡市。C919 属于短程、双发、单通道民用飞机。双发是指它有两个发动机。单通道指的是在 C919 的内部，座椅中间有一条通道，可以让人从飞机前部走到飞机的后部。短程是指和那些具有洲际运载能力，能一口气从北京飞到纽约或巴黎的飞机相比，C919 的航程属于中短程。

怎么？有点失望是吗？别急呀！往后看你就知道了，航程长有长的优势，航程短也有短的好处！

谁是蓝天的主角？

曾经，坐飞机是一件很稀罕的事儿。不少爷爷奶奶过了大半辈子，还没坐过飞机。1978 年，全中国一年只有 230 万人次乘坐飞机。而现在，很多小朋友才仅仅几岁，就已经坐着飞机，和爸爸妈妈一起去过很多地方了。2018 年，中国乘坐飞机的人数猛增到 6.1 亿。截至 2018 年年底，中国的民航飞机达到 3600 多架，这些飞机都是哪里生产的呢？大约一半来自美国的波音公司，一半来自欧洲的空中客车公司。全世界的民用飞机市场，都被这两大航空业巨头牢牢掌控。

前面说的A380就来自空中客车公司，它的总部位于法国的图卢兹，由法国、德国、英国联合创立。大型远程民用飞机A380是空中客车公司引以为傲的产品，在给它取名字的时候，空客人很费了一番脑筋。因为在这之前，已经有了A300、A310、A320、A340、A350，那接下来应该是A360了吧？谁知空客的高管们脑洞还真大，他们觉得360不就是一个圆，转了一圈又回到起点了吗？分明暗示着原地踏步、毫无进取。那就叫A370好了——不行，不行，更不行！听见"7"就不舒服！干脆跳过去，叫A380——嗯，这个可以。

奇怪！一个普普通通的数字"7"，究竟惹到空客人哪根神经了？这就要说到空中客车公司的老对手——波音公司了。它家的飞机，都是7系列的，从707一直到787。空中客车公司创立的初衷，就是要和波音一争高下。空客人给自己的杰作取名，说什么也不能和波音用同一个数！而A380要挑战的，正是大名鼎鼎的波音747。

波音747是一款大型宽体客机，专飞远程洲际航线，从北京直飞美国各大城市不在话下。精明的波音人，除了747，还开发出了专门飞短途航线的737。在停机坪上，737停在747边上，活像一只矮脚柯基犬站在器宇轩昂的金毛狗身边。别看737个头小，可人家省油、好用，机票价格便宜，虽然没有747那么耀眼，可它却是世界上最畅销的飞机，自从20世纪60年代诞生以来，卖掉了10000多架。光是在中国，30多年来，737的累计订单就超

过 5 万亿人民币！

看清楚！不是 5 万，不是 5 亿，是 5 万亿！这些钱足够造 20 多个三峡工程了！在感叹"这么大的一笔钱，让人家赚了"的同时，不禁要问：我们为什么不能自己生产呢？因此，就不难理解当中国具备研发大飞机能力的时候，首先瞄准的就是这种最受欢迎、需求量最大的中短程飞机，也就是和波音 737、空客 A320 同一类型的飞机。

造飞机，说起来容易做起来难。波音集团副总裁卡洛琳·科维说过："如果每个人都能把买来的零部件组装成飞机，并让它飞起来，那全世界就不会只有两家大飞机制造商了。"

C919 从设计研发到安全下线，再到成功试飞，经历了 10 年。

C919 闪亮登场了！

2019 年 3 月 10 日，一架埃塞俄比亚航空公司的波音 737MAX 飞机，在起飞 6 分钟后坠毁。机上 157 人无人生还，其中有 8 位是我们的同胞。在这之前，仅仅 5 个月前，印尼一架同型号的飞机，也是起飞不久就坠毁了，机上 189 人全部遇难。据后来的分析，这两起事故很可能跟飞机的航电系统存在缺陷有关。为了避免悲剧再次发生，中国等国家下了禁令：停飞波音 737MAX。

飞机在飞行过程中，要有导航，要和地面保持通信联系，要记录飞行过程，

C919 的驾驶舱宽大，仪表盘设计人性化。C919 采用的是综合显示技术，各类显示信息经过软件处理实现了高度综合，可在一台显示器上显示多种类型的数据，并且多个显示器之间可以互相切换，人机交互功效顺畅。C919 的综合显示技术已经达到国际先进水平。

要有显示数据的仪表和操纵飞机的装置……这些都是航电系统的组成部分。飞行员驾驶飞机，不能对着飞机喊："嘿，起飞吧！""来，转个弯！"总要通过一些仪器和装置来操控飞机，对吧？飞机出现故障时，也没办法说给人听，要通过仪表来显示。

航电系统是人和飞机互相交流的核心部分，犹如一架飞机的大脑和中枢神经。既然航电系统对飞机来说至关重要，那么相关技术必定被国外的公司看守得滴水不漏，严密封锁。在 C919 身上，工作着的是中国人自己开发的航电系统。

如果问 C919 有多厉害？公平地说，如果把百年波音和有半个世纪历史的空客比作成熟的大人，那么我们的 C919 还是一个孩子，但 C919 身上有以下一些技术亮点，让我们对它的未来充满期待。

C919 的机翼有一个很酷的名字，叫作超临界机翼，是目前国际设计最为先进的机翼，相比传统机翼，可以减小5%的飞行阻力，节省大量燃油。其形状特征是前缘比普通翼型显得更为钝圆，上表面平坦，下表面后部有一个明显的弯，后缘薄，而且向下弯曲。

超临界机翼让 C919 飞得更好。仔细看的话，C919 的机翼上部比较平坦，而下部的前段有一些外突，后部有一个明显的弯。这种机翼有个炫酷的名字，叫超临界机翼，它能让飞机飞得更快、更高、更远，更省油，还更安全。相比于波音和空中客车的同类机型，超临界机翼的加盟，让 C919 的使用成本下降 10%，这是非常有竞争力的！

高科技材料让 C919 更坚固。C919 的机体使用的是世界上最先进的第三代铝锂合金材料。要知道，飞机对材料可是很挑剔的，既要结实，又要坚固，还要能抗腐蚀，而且还不能太重，越轻越好。之前的飞机大多采用铝合金材料，而铝锂合金材料更能满足翱翔蓝天的各种严苛要求，给了 C919 一副钢筋铁骨、铜头铁臂。

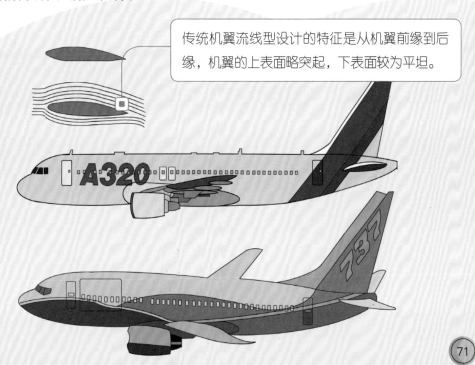

传统机翼流线型设计的特征是从机翼前缘到后缘，机翼的上表面略突起，下表面较为平坦。

国之重器

在减少碳排放方面，C919绝对是一款绿色排放、适应环保要求的先进飞机。另外，C919机舱的舒适性也是毋庸置疑的，其机舱座位布局采用单通道，两边各三座；不仅如此，C919还采用先进的采光设计，给人们提供了更大的观察窗，更舒适的客舱空间。

人性化设计让 C919 更舒适。设计人员在好多细节方面提高了 C919 的舒适度。比起波音和空中客车的同类机型，C919 内部更宽敞、更舒适。因为采用了先进的钛合金材料，乘客听到的"嗡嗡"声会减弱不少。新型的空气分配系统，让 C919 的机内空气更洁净清新，乘客感觉会更清爽。作为一款客机，除了安全性，没有什么比乘客喜欢搭乘更重要了，毫无疑问，C919 的"人缘"会相当好！

"私人医生"让 C919 更安全。飞行途中，一套状态监控和故障诊断系统可以说是 C919 尽职尽责的"私人医生"，它可以随时监测飞机的健康状态，及时预测可能发生的故障，并给出预警。这么安全的保障，可是波音 737 和空客 A320 上没有的。

飞得更高

2017 年 5 月 5 日，上海浦东机场的 4 号跑道上，一架崭新的 C919 开始了徐徐滑行。在人群的欢呼声中，它加速，加速，再加速，抬头，离地，一跃而起，直冲云霄。C919 首次试飞成功！

亿万观众通过电视直播，看着 C919 越飞越高。在此之

前，世界上没有任何一架全新型号的民用飞机首飞，有胆量做全球直播。这显示了比 C919 "飞"得更高的，是制造者的信心！

之前，国外媒体断言，中国 30 年也研制不出大飞机。而 C919 一次次试飞成功，让国外媒体不得不承认：东方终于有了能和西方抗衡的大飞机。

以前，国际航空业 AB（空中客车 Airbus 和波音 Boeing 的首字母）称霸，今后将是 ABC 三足鼎立。C 是后起之秀，但绝不会是落后之人，未来它会越飞越高，驰骋在五洲四海的蓝天之上，让我们拭目以待！

截至 2019 年年底，C919 已经接到超过 1000 架的购买订单。

除 C919 外，大型远程宽体客机 C929 也正在研制过程中，这是一款可以乘坐 300 多人的大型客机。

2022 年 8 月 1 日，C919 完成了取证试飞，这是 C919 投入商业运营的主要前提之一，相当于考生通过笔试和实操向考官展示自己的能力。

第六章 歼-20 隐形战斗机

工程速递

●歼-20隐形战斗机是中国自主研发的首款第五代战机。

●它隐形性能好、机动性能强，凝聚了一系列顶尖航空技术。

●它是保卫祖国、捍卫空中家园的最新高科技武器。

●隐形战斗机到底是怎么在光天化日之下把自己藏起来的呢？

报告：

我叫歼-20隐形战斗机，英文名叫 Chengdu J-20，代号"威龙"，是单座双发隐形战斗机。

我出生于 2009 年，籍贯是成都飞机工业（集团）有限责任公司，总设计师是杨伟院士。特长：超音速巡航，善于隐形，机动性能好。

2011 年 1 月，我在成都黄田坝军用机场首次试飞成功。

2016 年，我首次亮相珠海航展并进行双机编队飞行展示。

2017 年，我光荣参军并于同年 7 月 30 日在朱日和沙场阅兵式上，以三机编队形式受阅。

2018 年 2 月 9 日，我正式列装空军战斗部队，现为中国人民解放军空军现役隐形第五代制空战斗机。

报告完毕，请你检阅！

"夜鹰"折翼之谜

2019 年 9 月 3 日，中国人民解放军空军发布励志宣传片《蓝天有我，感恩有您》，展现新时代空军的风采，其中 7 架歼-20 隐形战斗机（下文简

称歼 -20）呈人字形编队飞过蓝天的画面太震撼了！

哎？不对吧？不是说歼-20是隐形战斗机吗？那怎么……一、二、三、四、五、六、七，没错，怎么 7 架歼-20 我全看到了？

想知道隐形战斗机隐形的秘密，我们先来讲一个故事。

1999年3月27日晚上，一架美军F-117"夜鹰"战斗机（下文简称F-117）在南斯拉夫联盟共和国被击落了。这条爆炸性新闻几乎让全世界的人惊掉了下巴，也包括美国人自己。这不亚于有人告诉你，在一次速度比赛中，奔驰汽车竟然输给了一辆自行车！

F-117是何许"机"也？它是世界上第一款隐形战斗机，

代号"夜鹰"，黑色的涂装，怪异的外表，在它的履历表上，有足以傲视全球的战绩。在代号"沙漠风暴"的战役中，美军出动F-117对伊拉克进行空中打击。对于伊拉克防空部队来说，F-117宛如天降神兵，来无影去无踪，无声无息。美军先后出动1000架次F-117纵

F-117最突出的特点就是隐形性好。现代隐形技术包括雷达隐形、红外隐形和可见光隐形等技术，由于雷达是探测飞机最可靠的设备，因此雷达隐形技术是其中最关键和最重要的技术。

横在伊拉克上空为所欲为，打得他们毫无还手之力，甚至伊拉克军方没能发现一架F-117的踪迹。

在被击落的F-117的飞行员戴尔·泽尔克中校眼里，1999年，他在南联盟的对手也实在称不上"强大"，他们的武器装备简直老掉牙了。泽尔克中校可是参加过"沙漠风暴"行动的资深飞行员，驾驶满身黑科技的F-117飞驰在南联盟的上空，他大概对完成任务感到信心满满。

谁也没想到，骄傲的"夜鹰"折翼了。击落"夜鹰"的是萨姆-3防空导弹，在当时，这种"年近半百"的导弹已经是地地道道的"大叔"了，技术上并没有过人的优势。"大叔"导弹能立此奇功，正是因为南联盟的雷达发现了"夜鹰"。

　　所谓隐形战斗机，并不是把人变成"睁眼瞎"，而是让敌方的雷达成了"老花眼"；不是说即便这架飞机从眼前飞过，我们也看不见，那是不可能的。隐形战斗机指的是，当它在天空飞行时，敌方的防空雷达无法发现它，或者雷达探测到了它，却不知道这是一架飞机，而是错误地把它当作了别的什么东西。总之，隐形战斗机就是有这一手本事：明明它咄咄逼人地在天空呼啸而过，却能在雷达显示屏上天衣无缝地制造"这里没飞机"的假象。就说 F-117 吧，它的机身长 20 米，翼展 13 米，这么庞大的"金属怪兽"，在雷达看来，竟如同一顶棒球帽的大小，哪里会想到这是一个极具危险的空中杀手？

隐形是怎么做到的?

顾名思义,隐形战斗机最重要的就是隐形能力了,那么大的一架飞机是怎么把自己藏起来的呢?

隐形秘诀一:耍酷做"型男"。我们知道,通常的飞机都有流畅的流线型外观,而为了让雷达无法发现自己,隐形飞机果断拒绝了这种优美的模样,每一款都长得个性十足、棱角分明。因为刀削斧砍般的冷峻外表,可以最大程度地降低飞机对雷达波的反射,达到在雷达眼皮底下隐形的目的。

F-117就是这样的"型男"一枚,活像科幻片里外星人的飞机。不过,过于刚硬的外观是一把双刃剑,在赋予战斗机隐形能力的同时,也给F-117带来了致命的弱点,就是机动性能差。看它的模样,我们也不难想象,这个宽大扁平、见棱见角的大家伙,做起动作来会有点笨笨的,一些四代机能做出的常规动作,它都力不从心。因此在近距离空战中,F-117处于下风。

相比于其他隐形战斗机,我们的歼-20就是"颜值"与"才华"集于一身了。它有炫酷的外观,迷人的金属光泽透出强烈的未来感,体形修长犹如利剑出鞘。机身背部的流线型很优美,下面则棱角分明、英武帅气。歼-20采用的是鸭式布局,和美俄两国的五代机都不同,这使歼-20在超音速巡航、大角度爬升,以及小半径转弯时,具有良好的机动性,仿佛一个身手敏捷的武林高手,闪转腾挪流畅自如。

图中橘色弧线代表雷达发出的雷达波，黑色弧线代表飞机反射的雷达波。可以看出：普通飞机会将很多雷达波反射回雷达，雷达能够察觉到飞机；而隐形战斗机除了吸收一些雷达波外，还把一部分雷达波反射到其他方向，使雷达无从感知飞机的存在。

　　隐形秘诀二：身披"隐身衣"。隐形战斗机的机身上都涂有隐形涂层，隐形涂层可以让发射到飞机身上的雷达波大部分被吸收掉，只有极少的雷达波被反射出去，这样雷达波就没办法把"这里有飞机"的消息送回地面了。这就好比给飞机穿上了哈利·波特的隐身斗篷，让雷达无法发现飞机的存在。

　　隐形战斗机的"隐身衣"还不止一种"款式"，针对不同波段的雷达波，有不同的隐形涂层。先进的隐形战斗机都涂装不止一层隐形涂层，这样就可以成功骗过多种波段的雷达波了。

　　你有更锋利的矛，我就有更坚固的盾。隐形战斗机的"隐身衣"并不是一劳永逸、无坚不摧的，它也在不断升级换代。2006年底，美军宣布启动F-117的退役程序。2008年4月22日，一代空中名将F-117的最后4架战斗机飞往位于美国内华达州的"飞机坟场"。为什么要让F-117退役呢？一个重要的原因就是，它的隐形涂层已经不能对抗性能不断提升的现代化雷达和防空导弹了。

自豪在这头，振奋在那头

　　说歼-20是第五代战斗机，那什么是第五代战斗机呢？

　　第五代战斗机是当今世界上最先进的战斗机。衡量一架战斗机算不算是第五代，要看它是否具备四大性能特点：隐形能力、超音速巡航能力、超机动能力和超级信息优势。这四大性能可以让第五代战斗机在未来的战争中，有能力先敌发现、先敌攻击、先敌摧毁。难怪各国空军都对拥有第五代战斗机梦寐以求，可以说它用尖端科技手段把"先下手为强"体现到了战争的每一个环节。研发制造第五代战斗机可不容易，需要一个国家具备很高的科技实力和航空工业水平。目前，全世界公认的五代战斗机屈指可数，有美国的F-22 和 F-35，俄罗斯的苏-57，以及我国的歼-20。

2016 年 11 月 1 日上午，在第十一届珠海航展上，随着主持人一声"歼-20来了！"，两架歼-20 呼啸着掠过碧空，在发动机的轰鸣声中，许多观众仰望战斗机矫健的身姿，不禁潸然泪下。歼-20 的总设计师杨伟院士在一封写给歼-20 的信里说："长大后，你是珠海航展的惊鸿一瞥，自豪在这头，振奋在那头。"

先进的战斗机对于一个国家的国防具有重大意义，在战争中，它是杀手锏，能够扭转战局，影响战争进程；在和平时期，它是定海神针，能够提升国家实力，改变国运。历史上，每一支强军都有一款实力超群的当家战斗机。2018 年，歼-20 正式列装我国空军作战部队，中国空军也因此一步迈入世界强军的第一方阵。

时任美国国防部长的罗伯特·盖茨曾经断言，在 2025 年以前，中国不

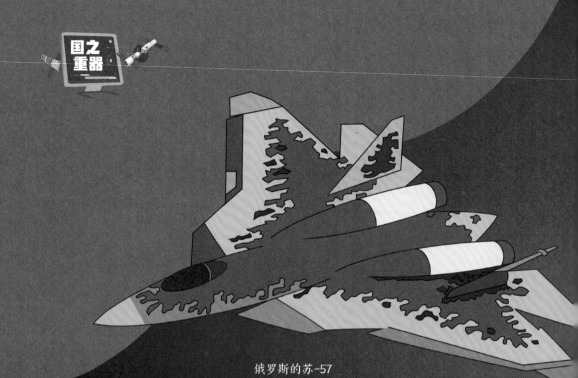

俄罗斯的苏-57

可能拥有第五代战机。也难怪有人觉得难以置信，歼-20 的研发速度确实惊人！要知道美国、俄罗斯等其他发达国家，他们的航空工业都有 100 多年的历史了，而我国的航空工业是新中国成立后才开始建立的。我们用五六十年的时间，奋起直追、弯道超车，走完了别人一个多世纪的历程。

杨伟院士在信里写道："而现在，你是战鹰家族的不老传说，引领在这头，希冀在那头。"他说的"希冀"是指什么呢？让我们来猜一猜，是不是以歼-20 为新的起点，我们还能研制出更多更先进的武器装备呢？

第六章 歼-20 隐形战斗机

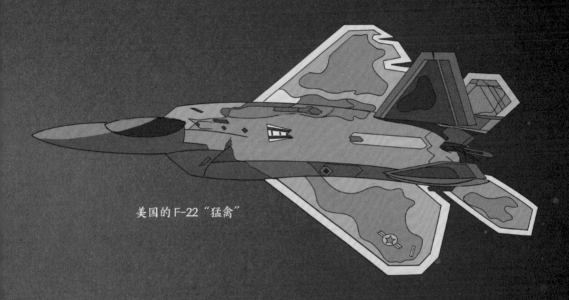

美国的 F-22 "猛禽"

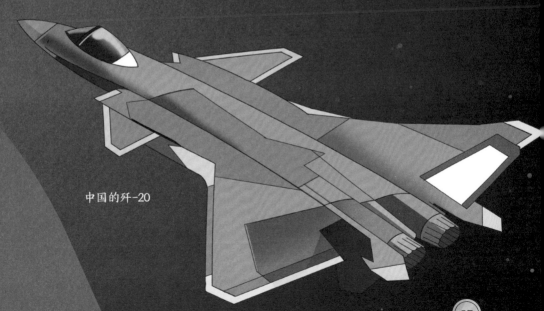

中国的歼-20

延伸
阅读

　　除歼-20外，我国还自主研发了军用大型运输机运-20、预警机空警-2000等，这些构成了我国空军的主要装备。

　　美国的F-22隐形战斗机代号"猛禽"，是世界上第一种进入服役的第五代战斗机。

　　战斗机的代际划分有不同的标准，西方国家主要采用"四代说"，认为第二次世界大战后，喷气式战斗机的发展经历了四代；俄罗斯则采用"五代说"，因此，在有些地方也称歼-20、F-22等这类战机为四代机。

第七章 中国造无人机

工程速递

●无人机就是无人驾驶飞机的简称。

●它是战场的尖兵、军方的宠儿，在民用领域也大显神通。

●我国的军用无人机处于世界领先地位，民用无人机更是出口量世界第一。

●说不定在你学校的操场上，它也曾徐徐升空，你认出它了吗？

2017 年，我国生产的一架大疆民用无人机成功地降落到英国的航母上。这可不是什么事先设计好的演习，而是一次令人尴尬的"事故"。

这艘"伊丽莎白女王号"航空母舰是英国皇家海军的骄傲，它停泊在苏格兰的因弗戈登码头。一位航母的忠实粉丝听说航母来了，兴冲冲地操控自己的无人机飞往航母上空，想给航母拍照。可由于当时码头的风太大，无人机开启了自我保护程序，降落到了航母的甲板上。

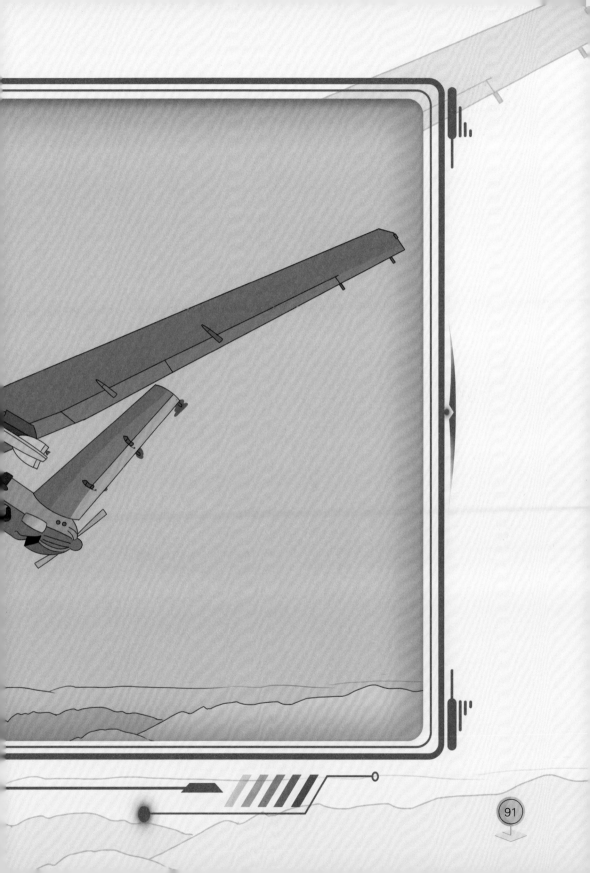

航母不仅是国之重器，也是戒备森严的军事重地，会配备各种先进的雷达和探测设备，哪能让不明来路的飞行器随意靠近？更别说登堂入室，直接降落在航母甲板上了。更令人惊奇的是，整个过程竟然没有一个人发现，直到无人机的主人主动找到航母的执勤士兵，想要回自己的无人机。

虽然英国军方解释当时是午餐时间，"人都吃饭去了"，可这件事还是让中国无人机火了一把！

会飞的照相机

前面我们讲了歼-20，不管是隐形的，还是不隐形的，战斗机的造价都非常高。空军飞行员更是百里挑一，而且需要长时间的精心培养，才能驾驶战鹰飞上蓝天。要是被敌人一发炮弹给打下来，那真太让人心疼了。

第一次世界大战期间，战事惨烈，不断有飞行员阵亡。于是，两位英国将军萌生了一个大胆的想法：要是能开发一种不需要人驾驶的，由无线电操控的小型飞机就好了，这样的飞机飞到敌方上空去扔炸弹，即便被打下来，也比损兵折将或者机毁人亡要好。

这个想法很棒，一经提出立刻得到了英国军方的高度重视。但早期研制出来的无人机就像刚刚破壳而出的小雏鸟，稚嫩又弱小，还带不动威力大的炸弹。最初的无人机主要是充当假想敌或者说当靶子，用来训练防空炮手，以提高打飞机的准确率。

92

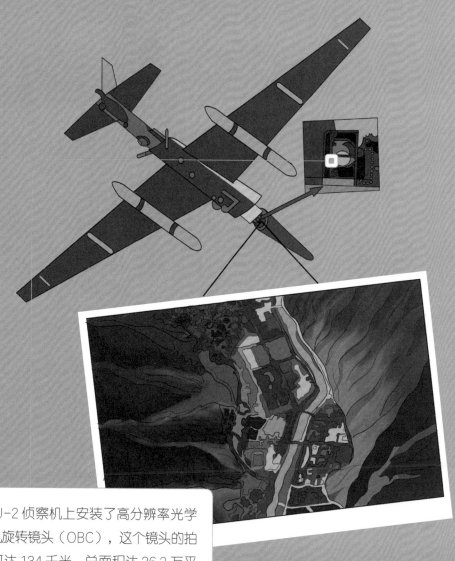

美军在 U-2 侦察机上安装了高分辨率光学条形相机旋转镜头（OBC），这个镜头的拍摄长度可达 134 千米，总面积达 36.2 万平方千米，这是一个相当巨大的拍摄范围。它的每卷 OBC 胶片宽 127 毫米，长 3200 米。

在很长的时间里，无人机都在承担高空侦察的任务。也许你会想，在那么高的天上能看到什么呀？ 20 世纪中期，美国开发的一款 U-2 侦察机就相

当霸道，它配备了高分辨率的照相机。就算别的国家嘴巴再严，滴水不漏，眼睛再毒，能把间谍一个个揪出，也奈何不了一架"会飞的照相机"在空中"咔咔"一通猛拍。U-2侦察机能在超过20000米的高空巡航，飞得这么高，美国人认为，谁也别想打中它。

谁知1962年，中国人就打下了一架潜入我国腹地窥视的U-2侦察机，并且在随后几年里，接连又打下来4架。美国人想不通，中国人是怎么把侦察机打下来的。不料中国人幽默起来也是一顶一的高手，举重若轻地开玩笑说，俺们是用竹竿捅下来的。

像狗狗一样乖巧

无人机就是无人驾驶飞机的简称。

我们小时候玩过的纸飞机，算不算是无人机呢？无人机可不是冲到空中"皮"一下就可以了，要能好去好回，可没那么简单。有些无人机是通过无线电遥控设备操纵的，有些本身就自带控制程序。你在学校里见过的航模，可以算是一种最简单的无人机。

而对真正的无人机的要求，除了能飞，还要能干，能自己完成任务，然后再乖乖飞回来，完全不需要人来干预。尽管没有人坐在里面驾驶，但每一架无人机都已经被"安排"得明明白白，聪明着呢。它们适合执行那些对人来说难度极大或者危险系数过高的任务，而战场就是最危险的地方之一。

美国的军用无人机曾经独霸天下。我国的军用无人机虽然起步比较晚，但借助后发优势，弯道超车异军突起，目前已经成功跻身世界一流行列。在新中国成立 70 周年国庆大阅兵中，有三款无人机惊艳亮相，其中的攻击–2 无人机长着小脑袋、细身子，一对长长的机翼格外醒目。它停在机场上，萌得不得了；飞上蓝天人小胆大、壮志凌云。攻击–2 是它参军后的学名，它以前还有个小名，叫翼龙–2。

翼龙系列无人机早已在国际上声名远扬，它的名声是自己"打"出来的。当第一架翼龙问世时，国外众多买家多年来一直都是美国无人机的"铁粉"，对中国新推出的无人机心里没底、将信将疑，拍板下单之前，给它设置了重重考验：能打靶是吗？那打个移动靶，给我们看一下咯！结果翼龙上来就干掉了一辆无人 SUV。要知道，这辆靶车已经在靶场里横行了 8 年，美国的武装直升机阿帕奇都没能把它怎么样。翼龙的百步穿杨，一鸣惊人，让国外买家不得不对"中国制造"刮目相看。

有一次，购买翼龙的国外用户自己操作失误，不小心切断了和翼龙的通信联系，导致翼龙失联，偏偏还不在雷达的测控区。用户以为，这下要把翼龙弄丢了，非常懊恼，正准备派人出去寻找的时候，翼龙仿佛识途的老马一样，竟然自己飞回来了。

像狗狗一样乖巧的翼龙也有杀伐果断的一面。战场上，机会不等人，有

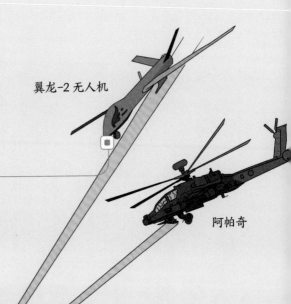

翼龙-2 无人机

阿帕奇

翼龙-2 无人机是我国研制的一款中高空、长航时、察打一体无人机，具备全天时、全天候、全疆域、多场景任务执行能力。

时一旦发现目标，就必须立刻对目标发动攻击，比如发现恐怖分子正在安装炸弹，敌人的老巢暴露了，可没有哪个敌人会傻到在原地等着束手就擒。这时候如果呼叫有人驾驶的飞机来打，敌人早就跑得没影儿了。千钧一发之际，作为察打一体的无人机，翼龙立刻就能发射导弹，一招制敌。

叮咚！无人机送的快递到啦

无人机的长相大多"放飞自我"，军用领域的无人机尽管神头鬼脑，好歹还有个飞机的样子。民用领域的无人机那颜值真是"没人管了"，什么样子都有，有的看上去就像个空中小怪物。

除了应用于军方，在民用领域无人机也有很多用武之地，比如喷洒农药、森林防火、环境监测，还有影视剧中一些恢宏大场面的航拍等。我国的民用无人机同样在世界上一枝独秀，出口量全球第一，仅大疆公司生产的民用无人机，就占到了全球民用无人机市场的 70% 以上。

2020 年，新冠肺炎疫情期间，很多城市要求返城人员申报登记。然而，人工登记很费时间，而且人和人面对面还容易造成交叉感染。这时候，无人机又一次闪亮登场！北京、深圳等一些城市，在高速公路出口处用无人机悬挂巨大的二维码在天上飞行，人们只需在车辆排队等候通关时，掏出手机扫描二维码，就可以在线上完成申报，是不是又安全又高效呢？

无人机能做的事情可多着呢！以后还会越来越多。有些地区

环境监测

喷洒农药

森林防火

根据无人机的用途可将其分为民用和军用两大类，民用方面，主要是利用无人机进行地面图像拍摄，地面环境及农业监测等；军用方面，主要用在靶机训练、侦察、攻击、诱敌和通信等。

航拍大场面

交通不便，物流送货一直是个难题。以后，无人机就能变身"快递小哥"，打通"最后一公里"，到这样的地区完成送货的任务，让这些地区的人们也能享受和大城市的人一样的便利服务——叮咚，你的快递到了，请查收！

延伸阅读

在新中国成立70周年国庆大阅兵上受阅的还有无侦-8和攻击-11察打一体无人机，它们的外形非常炫酷，仿佛科幻片里飞出来的，能高空高速飞行，还有隐形功能。

我国的"彩虹"系列无人机，以太阳能为主要动力，主要执行空中侦察、对地打击任务，其中彩虹-4可以挂载多枚空对地导弹。

电影《战狼2》、纪录片《航拍中国》等中的一些画面就是无人机拍摄的。

第八章 东风系列导弹

工程速递

● 东风系列导弹是目前世界上唯一覆盖各种类型弹道导弹的陆基弹道导弹系列。

● 超全、超酷、超能干,是东风系列导弹的特点。

● 导弹曾经和原子弹、氢弹、人造卫星一起,奠定了中国的大国地位。

● 为什么说东风-41导弹是一种"神一样的存在"?

2019年10月1日,天安门广场成为全世界的焦点,新中国成立70周年国庆大阅兵在这里举行。

威武帅气的徒步方队,队列严整、气势如虹地通过天安门广场,展现了当代中国军人的风采和中国军队建设的新形象,让电视机前的每一个中国人都倍感骄傲,也在全世界瞬间圈粉无数。

而装备方队中那些"有好多个轮子"的大块头武器,有没有引起你的好

奇呢？一向嗅觉敏锐的国外记者，可是在很早以前就对此次阅兵中登场的新型武器装备非常关注了，在不少媒体眼中，这些武器装备长期以来，一直蒙着一层神秘的面纱。

其中的战略打击模块更是倍受关注的焦点，拥有这些装备的中国人民解放军火箭军的官方微博，有个很接地气的昵称，叫"东风快递"。别笑！它可不是送货的，这个"快递"相当硬核，送的是导弹！

什么是导弹？

导弹是一种神奇的炸弹，因为自带动力，所以离开发射器后，它可以依靠自身的动力系统飞行。和传统炮弹一旦飞出炮膛就不受

控制相比，导弹即使在飞行途中，也可以根据需要随时改变飞行路线，准确地攻击目标。相比传统炮弹，导弹具有更快的速度和更远的射程。也就是说，导弹是一种更有威力，也更"聪明"的炸弹。

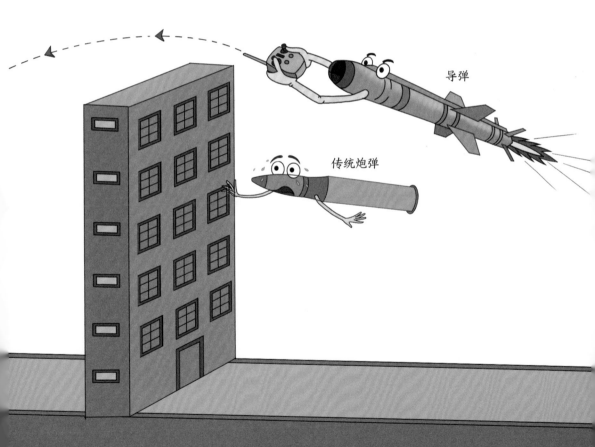

导弹

传统炮弹

最早发明导弹的是德国人。在第二次世界大战中，1944年，德军向英国首都伦敦发射了V–1导弹。V–1导弹是导弹的鼻祖，也是问世不久的新生事物，远没有今天的导弹这么厉害，一个很明显的缺点是，它命中目标的准确度不高。德国人一下子发出上百枚导弹，结果只有其中一小部分打中了伦敦，还有一批压根儿连英吉利海峡都没飞过去。但导弹依然给伦敦造成了不小的损失，更给英国人的心理带来沉重的打击。以前，投向伦敦的炸弹来自由人驾驶的轰炸机，现在无人驾驶的超级炸弹自己就飞过来"捣蛋"了，这太让人崩溃了！

幸好！这已经是1944年了，德国法西斯的末日很快就要到来了。仅剩的不到一年的时间，对于德国人来说，实在是短了点儿，他们来不及在实战中改进V–1导弹命中率不高的短板了。1945年，德国战败投降。不过人们看到了，导弹这种武器是一支战争中的"潜力股"，导弹的技术也在不断发展着。

"两弹一星"，很多人都搞错了

说起"两弹一星"，很多人都听说过，但是要细问"两弹"指的是什么，很多人都以为是原子弹和氢弹，其实这是不准确的。"两弹"中的一弹是指核弹（包括原子弹和氢弹），另一弹是

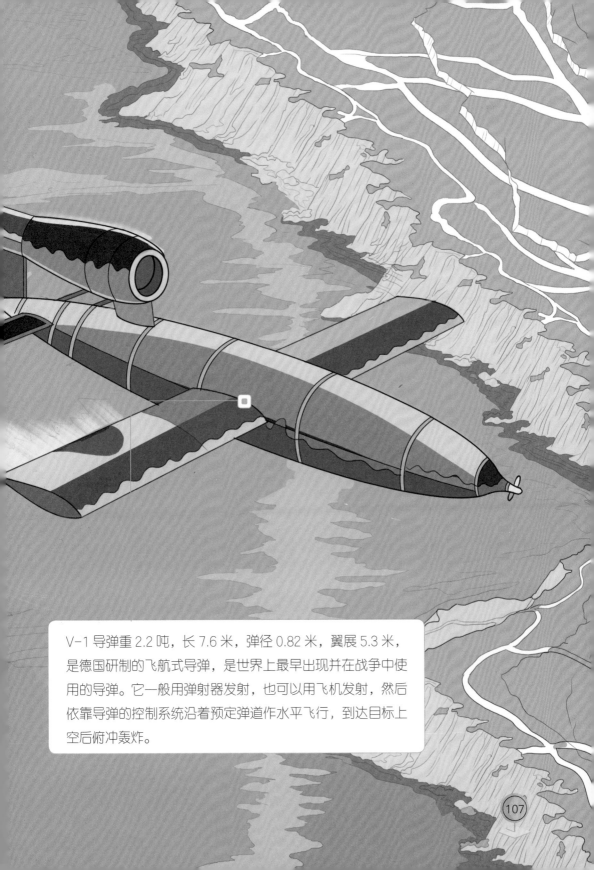

V-1 导弹重 2.2 吨, 长 7.6 米, 弹径 0.82 米, 翼展 5.3 米, 是德国研制的飞航式导弹, 是世界上最早出现并在战争中使用的导弹。它一般用弹射器发射, 也可以用飞机发射, 然后依靠导弹的控制系统沿着预定弹道作水平飞行, 到达目标上空后俯冲轰炸。

指导弹。是不是突然发现，导弹比你想象的还要厉害？

　　一般来说，导弹分为巡航导弹和弹道导弹两种。

　　巡航导弹通常飞行在大气层内，飞行高度比较低，飞行的距离也比较近，一般不超过 3000 千米，属于中短程导弹。在现代战争中，巡航导弹一般执行中短程战术目标打击的任务，命中目标的准确率可比它们的老祖宗 V–1 导弹高多了，还有卫星在天上为它导航，可以实现精确打击。目前，世界上最著名的巡航导弹，当属美国的战斧式巡航导弹。在美国发动的海湾战争、伊拉克战争中，战斧式巡航导弹都发挥了巨大的作用。我国的长剑系列、鹰击系列导弹也属于巡航导弹，并且丝毫不比战斧差。

　　听到这儿，你可能觉得导弹也不是很厉害嘛，别急！还有弹道导弹呢。有句话说："你厉害，你咋不上天呢？"弹道导弹就厉害得能上天！

　　巡航导弹主要是平着飞。弹道导弹则是垂直起飞，直冲云霄，能飞出大气层，一直飞到太空里。飞得更高就意味着可以打得更远，我国东风系列导弹的射程可以覆盖全球。

　　弹道导弹飞行速度快，从太空再次回到大气层后，弹道导弹的速度快得吓人，想拦截它？没门儿！一般的反导导弹根本追不上它。

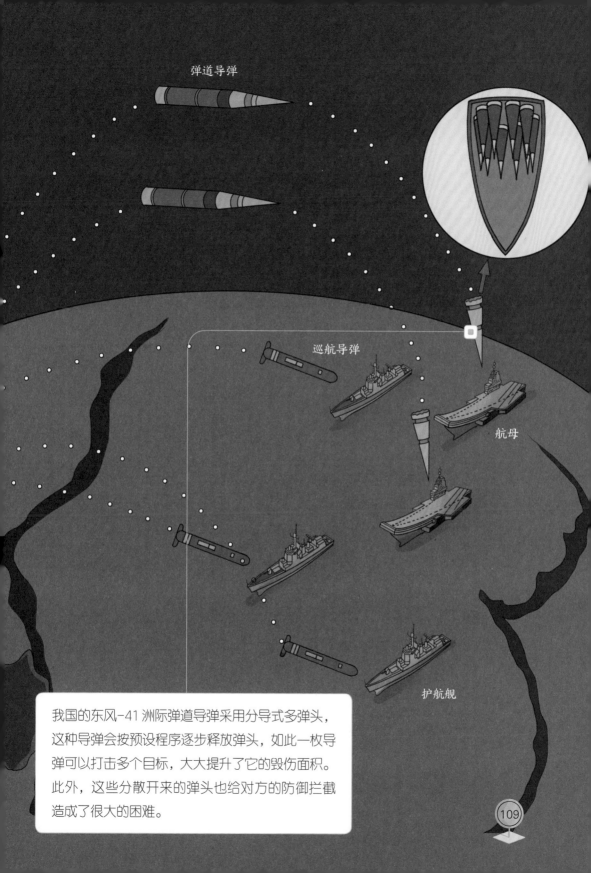

弹道导弹

巡航导弹

航母

护航舰

我国的东风-41 洲际弹道导弹采用分导式多弹头，这种导弹会按预设程序逐步释放弹头，如此一枚导弹可以打击多个目标，大大提升了它的毁伤面积。此外，这些分散开来的弹头也给对方的防御拦截造成了很大的困难。

相比于巡航导弹，弹道导弹的个头要霸气得多，它可以携带大当量的核弹头，还可以携带多个弹头，这样就可以分别攻击多个不同的目标。

戈壁里的英雄

二十世纪五六十年代，在祖国西北戈壁的深处，有一大群人在从事一项

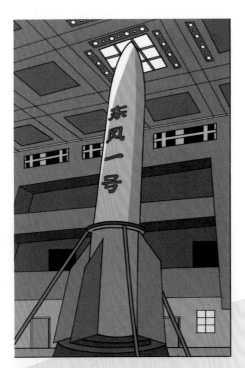

1960 年，第一颗"东风一号"导弹发射成功。

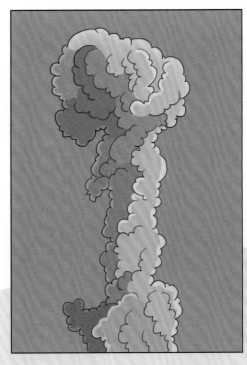

1964 年，我国第一颗原子弹试爆成功。

高度保密的工作。他们在哪儿、做什么、要待多久、什么时候回家，统统一个字不能说，就连对家人都不能吐露半点。家里人要给他们写信，地址极其简单，信封上只有一个用数字表示的信箱。可以说，在外界看来，这里的每个人就像"消失"了似的。隐姓埋名人干的是惊天动地事，他们在为国家研究最尖端的武器。

我们的邻国日本曾遭原子弹重创，中华人民共和国成立后，战争的阴云

1967 年，我国第一颗氢弹试爆成功。

1970 年，我国第一颗人造卫星发射成功。

并未远离我们。面对西方列强的核威慑，党中央毅然决定，我们也要搞导弹、原子弹。于是，成千上万的干部、工人、解放军指战员，还有一大批优秀的科技工作者，从四面八方集结于茫茫大漠，有的学者毫不犹豫地放弃在国外优越的生活条件回到祖国。

他们来到的这个地方，自然环境非常恶劣，被人形容是"天上无飞鸟，地上不长草，千里无人烟，风吹石头跑"。但他们义无反顾，技术上缺少参考，就拼自己的聪明才智，生活中条件艰苦，就靠精神硬扛，为了心中神圣的事业，不惜以青春和生命为代价，在不长的时间里，突破了一个个尖端技术。

1960 年，我国第一颗国产导弹——"东风一号"喷着烈焰，从大漠深处腾空而起。

1964 年，我国第一颗原子弹试爆成功。

1967 年，我国第一颗氢弹试爆成功。

1970 年，我国第一颗人造卫星发射成功。

1971 年，我国恢复在联合国的合法席位，以及安理会常任理事国席位。

可以说，"两弹一星"事业奠定了我国的大国地位。

东风导弹特别酷

我国的东风系列导弹，是目前世界上唯一覆盖各种类型弹道导弹的陆基弹道导弹系列。超全、超酷、超能干，是东风家族的特点。"超全"指的是东风导弹型号齐全，近中远程全覆盖。"超酷""超能干"是指什么呢？下面我们就从那些在新中国成立70周年国庆大阅兵中，耀眼亮相的"明星"级导弹身上，了解这些特点。

东风-17常规导弹在此次阅兵活动中首次公开亮相，它在各种天气条件下都可以发射，可以对中近程目标实施精确打击。东风-17还具备强突防能力——速度特别快，一般的防空导弹追不上它，是不是超级酷？

东风-26核常兼备导弹的首次亮相，是在2015年"9·3"胜利日阅兵上，在新中国成立70周年国庆大阅兵上，它再次威武登场。东风-26既可以携带常规弹头，也可以装载核弹头，甚至可以在没有发射阵地的情况下发射，有很强的机动性。它还能精确打击地面和海上目标。一般来说，打地面固定目标相对容易，打水面可移动目标就难了。东风-26的拿手好戏就是打敌方的航母。陆地上的、水面上的，全能打，东风导弹是不是超能干？

东风-31甲改核导弹是我国自主研制的第二代固体洲际战略核导弹，它担负着震慑强敌与核反击作战的重要使命。

东风-5B液体洲际战略核导弹，突防能力强、毁伤威力大，是维护国际主权、捍卫民族尊严的重器。

在新中国成立70周年国庆大阅兵中压轴出场的是东风-41洲际战略核导弹。在这次阅兵前，东风-41洲际战略核导弹一直是军事迷心目中"神一样的存在"，只有这个名字不断在传说中出现，谁也没见过它的真容。国外媒体报道说，东风-41洲际战略核导弹是"这个星球上最强大的武器"，射

程超过 12000 千米，从我国打到美国，只要半个小时。

作为东方文明古国，中国人自古以来崇尚"谦谦君子，温润如玉"。作为世界上少数几个拥有核武器的国家，我国政府一贯承诺"不首先使用核武器"，我们拥有核武器的目的是维护自身、捍卫和平。若是有人胆敢对我国进行核威胁、核讹诈，我们必须拥有反制的能力。

"两弹一星"元勋是指当年为研制核弹、导弹和人造卫星作出突出贡献的 23 位国宝级科学家。

东风系列导弹可以在陆上发射，可以用汽车、火车发射，还可以在军舰、潜艇上发射，更可以在飞机上发射，可以说具备全方位发射机制。这样最大的好处是，一旦发生战争，即使我方部分导弹发射装置被敌人破坏，也不会完全丧失反击能力。

通常，一枚导弹可以携带一个弹头，而东风系列导弹可以做到一枚导弹携带多个弹头，每个弹头都有单独的卫星制导系统，这样一枚导弹可以同时攻击多个目标。

第九章 "辽宁号" 航空母舰

工程速递

●航空母舰是现代战争中的重要武器，是衡量一个国家军事实力的重要标志之一。

●它是高科技武器，也是吞金巨兽，建造航母考验着一个国家的整体工业水平和经济实力。

●我国发展航母之路非常坎坷，从黑海之滨的"瓦良格号"到今天的中国海军第一艘航母"辽宁号"，有怎样一番浴火重生的历程？

●我们的第一艘航母为什么叫"辽宁号"呢？航母的命名有什么讲究？

1941 年 12 月 7 日，是美国人永远都不会忘记的日子。日本人派出航母编队偷袭了距离美国本土 3700 多千米的珍珠港。

早上 6 点，350 架飞机从太平洋上的 6 艘日本航母上先后起飞，在空中完成编队，随后直扑珍珠港。

7点，珍珠港美军雷达站的一名值班士兵，在雷达上发现北面有一队飞机，立刻打电话报告，得到的回答是：别担心！

半个小时后，大批日军轰炸机从6000多米的高空俯冲下来，疯狂投下炸弹，珍珠港立刻变成了人间地狱。经过这一仗，实力雄厚的美国海军太平洋舰队主力，在不到两个小时的时间里，几乎被扫荡干净了。数十艘军舰报废，战列舰全被击沉，188架飞机被炸毁，155架飞机受伤。而日军的代价仅仅是29架飞机和5艘小型潜艇。

珍珠港事件不仅改变了第二次世界大战的走向，也改变了人们的观念。

谁是海上霸主？

1910年11月14日，美国飞行员尤金·伊利驾驶一架"寇蒂斯"双翼飞机从"伯明翰号"巡洋舰上起飞。在这以前，飞机都是从陆地上的机场起飞的，而这是第一次飞机从海里的一艘船上腾空而起。这意味着，海军和空军可以结合。这个大胆的新尝试立刻引起了英国人的关注。

1914年，英国海军将一艘运煤船改装成水上飞机母舰，取名为"皇家方舟号"，这是世界上第一艘航空母舰。

第二次世界大战以前，海战都是军舰对军舰。各国海军都积极发展战列舰，推崇巨舰大炮。谁家的军舰大，谁就能装载更有威力的大炮，在海上对

"寇蒂斯"双翼飞机

打的时候必然就占有优势。那时候的航母在海军队伍里，仅仅被看作是二线角色。

珍珠港一战改变了人们的观念，航母初露锋芒。不过，中国有个词叫"胜之不武"。日本人毕竟是偷袭，打的是美国人停在港口里的战舰，炸的是趴在机场上的飞机，欺负人家战斗力"不在线"。如果说在珍珠港，航母赢得还不太光彩的话，那么在这前后发生的奇袭塔兰托和击沉"威尔士亲王号"事件，就向世人生动地展示了航母的优势，在大洋里火力全开的战列舰同样被航母打得落花流水，从此航空母舰开始逐步取代战列舰，成为海上霸主。

航空母舰可以看作是能够在海上任意移动的机场，也可以说是游走在大洋里的军事基地。有了它，战斗机就可以实现在海上起飞和降落。而覆盖地

球表面约 70% 的海洋，都可以供航母畅游，战斗力得到了无限的延伸。

　　航空母舰的主要攻击武器，是它上面搭载的战斗机，又叫舰载机。军舰和飞机联起手来，就改变了海战的面貌。我们知道，大炮总有一定的射程，当大炮打不到的时候，航母上的舰载机就可以充当攻击敌方军舰的急先锋。飞机居高临下，对军舰形成碾压优势。航母一出手，就把海战从平面变成了海空立体的模式。

　　每当遇到重大国际问题时，美国总统问的第一句话是："我们的航母在哪里？"

　　目前，世界上能够真正称得上航母强国的当属美国，美国海军拥有多艘性能先进的航空母舰。不过，除了美国之外，传统海军强国（如英国、法国等）在航母设计、建造、使用上也都不弱，只是受国力影响，其航母数量有限。现如今，中国海军以 3 艘（"辽宁号""山东号""福建号"）大型航空母舰跻身世界

第九章 "辽宁号" 航空母舰

"皇家方舟号"

121

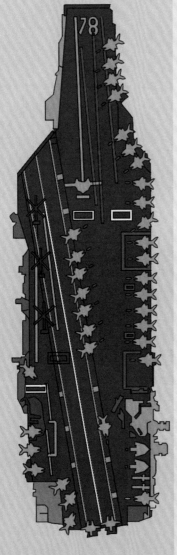

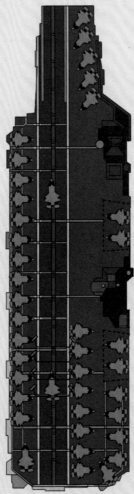

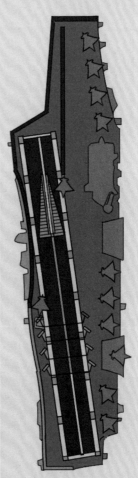

"福特号"

美国

"伊丽莎白女王号"

英国

"戴高乐号"

法国

"圣保罗号"

巴西

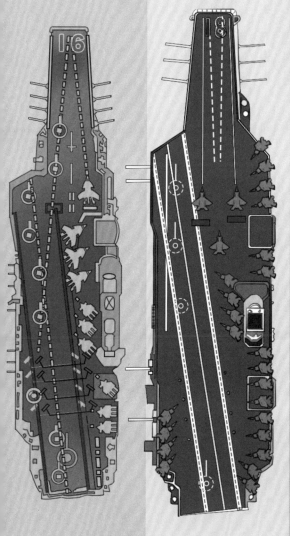

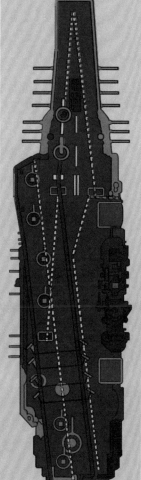

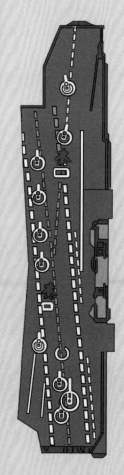

"辽宁号"

中国

"福建号"

中国

"库兹涅佐夫号"

俄罗斯

"维克兰特号"

印度

航母俱乐部，令世界瞩目。

按照航母实力排名，目前美国海军属于顶级玩家，而中英法则属于第二梯队，印度和俄罗斯等其他国家只能排在第三梯队中。

3 年艰难回家路

我国拥有 18000 千米的漫长大陆海岸线，需要一支强大的海军来保卫国家安全。航母编队是现代战争中非常重要的武器，也是衡量一个国家军事力量的重要指标之一。我国海军一直梦想拥有自己的航空母舰，然而由于技术和经济的原因，这个梦想长期没能实现。

终于，一个机会摆在了我们面前：乌克兰要出售一艘已经建造了一多半的航母。

航母这么重要，他们为什么不把它建完呢？造了一多半的航母又干吗要卖掉？这艘名为"瓦良格号"的航母是苏联时期建造的。苏联解体时，它已经建造了将近 70%。苏联解体后，它归乌克兰所有。可是乌克兰却没有经费继续建造这艘航母了，放着也是放着，不如卖了吧。

1998 年，澳门的创律公司从乌克兰黑海造船厂购买了"瓦良格号"。据说，创律公司雇佣的拖船牵引着"瓦良格号"离开黑海岸边的码头前往中国的那天，黑海造船厂厂长不顾自己正患重病，伫立于岸边目送"瓦良格号"，依依不舍。可哪里想到，"瓦良格号"还没出黑海就被拖了回来，后面还有一串意想不到的艰难险阻在等着它呢。

原来，"瓦良格号"计划通过博斯普鲁斯海峡，但土耳其以"船体过大，影响海峡通航"为理由，死活不让过。"瓦良格号"只好掉头回到黑海造船厂。随后，围绕这艘航母，我国政府与土耳其政府展开了长达一年半的谈判，最终在接受土方 20 个附加条件后，土耳其同意放行。

通过博斯普鲁斯海峡后，苏伊士运河也禁止它通行，"瓦良格号"只得绕道，驶过非洲最南端的好望角，跨越茫茫印度洋，穿过马六甲海峡后，驶入南中国海的怀抱。原本正常情况下，只需要 60 天的航程，在一串串惊涛骇浪、重重险阻下，竟然花了 3 年！2002 年 3 月，"瓦良格号"抵达大连港。

而这时，距离它变身成为中国海军的"辽宁号"还有漫长的 10 年历程。

从"瓦良格号"到"辽宁号"

读了前面的故事，你心里会不会产生一个疑问：不是说航母是海上霸主，特别厉害的吗？怎么"瓦良格号"还需要拖船拖着走啊？它自己不能行驶吗？

建造被搁置后，"瓦良格号"就被丢在码头上任凭风吹雨打。澳门那家公司买下它后，更是拆掉了一切能拆的东西，没有发动机、没有舵，更没有操作系统，就剩一个船壳了，还锈迹斑斑的，来到中国时，船底还挂了好大一坨"紫菜"，哦不，应该说是一大团纠缠在一起的不同种类的海洋生物。

中国的军事工程人员花费了大量时间对"瓦良格号"进行了从头到脚的

翻新和改造。

①装上了动力系统。按动力性能，航母可划分为核动力航空母舰和常规动力航空母舰两种。"辽宁号"是常规动力航空母舰，采用我国自主研制的149兆瓦蒸汽机推动。多次海中演练测试证明，这颗"中国心脏"足够强劲，可以让这个满载排水量6.7万吨的庞然大物在海中运行自如。

②安装了多种雷达和电子通信设备，还有中华神盾。这样航母就相当于长了千里眼和顺风耳，有能力探测很大范围内的海上和空中的多种目标，特别机灵！

③改造了甲板。航母的主甲板就是舰载机的起降平台。要知道刚到中国时，甲板就算全舰保存最好的一部分了，但也锈得不成样子，需要全部更新。

④配上了舰载机。航母自己是不长"拳头"的，它的打击力量来自舰载机。"辽宁号"上搭载的是我国自行研制生产的歼-15舰载战斗机，绰号"飞鲨"，是一款四代半的战斗机，此外还有国产舰载反潜多用途直升机、运输机和预警机。

2012年9月25日，"瓦良格号"更名为"辽宁号"，正式交付中国人民解放军海军，成为我国第一艘服役的航空母舰。

航母犹如一座海上城市，上面生活着上千名官兵，不同的工作人员穿着不同颜色的马甲。

燃油补给战位

危险和安全管控

起降和飞机维修战位

吊运和供气保障战位

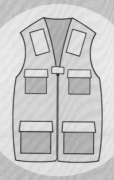

安全、医务、政工战位和临时上舰人员

指挥类战位

机务

我的家乡会不会成为航母的名字？

我国的第一艘航母为什么叫"辽宁号"呢？

在我国海军中，驱逐舰、护卫舰这类中型作战舰艇，一般用大中型城市的名字来命名，比如 055 型导弹驱逐舰的首舰"南昌号"、052B 型导弹驱逐舰"武汉号"。航母作为现代海军的核心，理应用省级行政区来命名，这艘航母是在辽宁省完成改造的，因此"辽宁"光荣地成为了首艘航母的名字。

有人把航母比作"吞金巨兽"，建造航母考验着一个国家的整体工业水平，还需要雄厚的经济实力，大炮一响，黄金万两。光是航母上的一条"绳子"就价值 150 万美元！这不是一条普通的绳子，它是舰载机着陆时，确保

航母阻拦索是位于航母飞行甲板后部的拦截装置。现代喷气式舰载机的着陆速度在 200~300 千米/小时，阻拦索要在短短数秒内使舰载机迅速减速至零，并使舰载机滑行距离不超过百米，可谓是舰载机安全着舰的"生命线"。

飞机安全停在甲板上的阻拦索，是一条科技含量极高的绳子。要是没有它挺身而出，舰载机就一头冲进海里去了，因此它是舰载机的"生命线"。

当初，"瓦良格号"在博斯普鲁斯海峡遭遇困境的背后，就是有些国家打心眼儿里不愿看到中国拥有自己的航母，背地里"提醒"土耳其的。等到中国需要购买阻拦索时，当时世界上唯一掌握这项技术的美国，千方百计充当"活阻拦索"，就是让你买不到。结果中国人靠自己的力量成功研制了性能优异的阻拦索，从钩住飞机尾钩到完全停下只需要用3秒。我们不仅打破了封锁，还实现了技术反超。当美国的"福特号"航母被困于电磁阻拦索的难题时，我国已经率先掌握了这项更先进的技术。

这样逆袭的故事还有很多，小到一条阻拦索，大到人民海军自身。1950年3月17日，刚刚上任的海军司令萧劲光大将为了视察刘公岛，向当地渔民租了一艘渔船。这位渔民感到很奇怪，说："海军司令怎么还会租我的船？"因此可见我国海军真是从零开始，白手起家。

按照西方军事家的观点，发展一支陆军需要30年，空军需要50年，而海军需要100年。而仅仅用了几十年的时间，我国海军军舰的总排水量就一路飙升到全球第二，不仅拥有世界上最先进的万吨级导弹驱逐舰——055型导弹驱逐舰，还有能力打造自己的航母编队。

现在，我国第一艘国产航母"山东号"已正式交付海军，第二艘国产航母"福建号"也已下水，以后我们还将拥有更多先进的国产航空母舰。让我们期待一下，未来你的家乡会不会成为航母的名字？

延伸阅读

目前，世界上有10个国家拥有航母：中国、美国、英国、法国、俄罗斯、巴西、印度、意大利、泰国和西班牙，其中，中国、美国、英国、法国和俄罗斯有自主建造航母的能力，其他国家都走的是改装之路。

海上霸主也有软肋，它目标过大，自卫能力差，不能单独作战，必须以航母为核心组成一支航母编队（又叫航母战斗群），编队中的舰艇包括巡洋舰、驱逐舰、核潜艇和后勤支援舰等，作战时它们各司其职，共同战斗。

2022年6月下水的我国第三艘航母"福建号"配备了电磁弹射装置，这样可以使更大更重的或者挂弹量更大的舰载机从航母上起飞，这也意味着"福建号"具有更大的杀伤力。